第五届全国优秀科普作品奖
获奖证书

关庆利同志：

您主编的《海洋小百科全书》一书荣获第五届全国优秀科普作品奖科普图书类三等奖，特颁此证。

二〇〇三年九月

《海洋小百科全书》于2002年5月出版，2003年9月被中国共产党中央委员会宣传部、中国科学技术协会、中华人民共和国科学技术部、国家广播电影电视总局、中华人民共和国新闻出版总署、国家自然科学基金委员会、中国作家协会联合授予"第五届全国优秀科普作品奖科普图书类三等奖"。本书于2007年10月修订再版，现再次修订，由中山大学出版社出版。

《海洋小百科全书》荣获"第五届全国优秀科普作品奖"

海洋 小百科 全书

主　编　关庆利
副主编　丁玉柱　彭　垣

海洋科教

胡领太　童立勤　王雪凤　编著

中山大学出版社
·广州·

版权所有　翻印必究

图书在版编目(CIP)数据

海洋科教/胡领太,童立勤,王雪凤编著.—广州:中山大学出版社,2012.1

(海洋小百科全书/关庆利主编)

ISBN 978-7-306-03561-5

Ⅰ.①海… Ⅱ.①胡… ②童… ③王… Ⅲ.①海洋学-普及读物 Ⅳ.①P7-49

中国版本图书馆 CIP 数据核字(2009)第 221834 号

出 版 人：徐　劲
策划编辑：蔡浩然
责任编辑：蔡浩然
装帧设计：杨桂荣　曾　斌
责任校对：刘丽丽
责任技编：何雅涛
出版发行：中山大学出版社
电　　话：编辑部 020 - 84111996, 84113349
　　　　　　发行部 020 - 84111998, 84111981, 84111160
地　　址：广州市新港西路 135 号
邮　　编：510275　　**传　　真**：020 - 84036565
网　　址：http://www.zsup.com.cn　E-mail：zdcbs@ mail.sysu.edu.cn
印 刷 者：佛山市浩文彩色印刷有限公司
规　　格：880mm×1230mm　1/32　8.75 印张　186 千字　4 插页
版次印次：2012 年 1 月第 1 版
　　　　　　2014 年 4 月第 4 次印刷
定　　价：17.40 元

如发现本书因印装质量影响阅读,请与出版社发行部联系调换

海洋科教

▲ 中国国家海洋局

▲ 我国"大洋一"号科学考察船

► "东方红2"号综合调查船

海洋科教

中国海洋大学

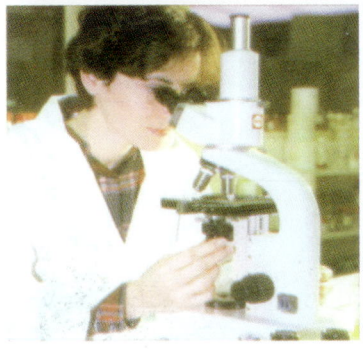
▲ 海洋科技人员在实验室工作

▲ 海上地震实验

"的里亚斯特"号深海潜水器 ▲

海洋科教

▲ 南极生态考查

南极海流调查 ▼

海洋执法空中监测 ▲

▲ 青岛水族馆

► 西太平洋系流气艇通量测量

海洋科教

释放海底探测仪 ▲

▶ 中美合作调查

▲ 海洋科普教育

海洋地质调查 ▲

◀ 国际海洋科技合作交流

序言

　　海洋是人类的母亲，也是人类千万年来取之不尽、用之不竭的巨大资源宝库。在人类赖以生存的蓝色星球——地球上，蔚蓝色的海洋占有约71%的总面积。

　　雄踞在这颗蓝色星球的东方、浩瀚无垠的太平洋西岸上的中华人民共和国，不仅拥有960万平方千米的陆地国土，而且还拥有300万平方千米的海洋国土，有着1.8万千米绵延曲折的海岸线。在这浩瀚的蓝色国土上，珍珠般地镶嵌着大大小小6500多个美丽而富饶的岛屿。

　　勤劳勇敢的中华民族，在古代就凭着自己卓越的智慧和创造力，伐木成舟，劈波斩浪，牵星观月，远渡重洋，以举世瞩目的海洋文明跻身于世界航海强国的民族之林。

　　21世纪是海洋的世纪，21世纪的主人翁就是今天的青少年朋友。他们不仅是我国的未来和希望，而且必定是21世纪振兴经济和提升海洋科技的主力军。海洋将是青少年朋友报效祖国、振兴中华民族大显身手的辉煌舞台。只有帮助青少年及早地以科学的眼光认识世界的发展，科学地把握未来，早日加入到海洋开发建设的队伍中来，才能更好地发展我国的海洋经济，捍卫我国的海洋权益。未来是海洋的时代，只有让广大的青少年了解海洋、接近海洋、认识海洋，才能把握海洋、开发海洋、利用海洋和捍卫海洋权益，为祖国的海洋开发建设作贡献,为中华民族的子孙后代造福。为了提高中华民族的海洋文化素质,再铸中华民族海洋文明的辉煌,使我国成为21世纪的海洋强国,有识之士必须从现在做起,从青少年抓起,全面培养我国青少年的海洋意识,普及海洋科学知识,提高海洋科技技能,增强蓝色国土观念和捍卫海洋权益的责任感、使命感。从这个意义上说,在人类进入21世纪的伟大时代,在全球开始创造海洋经济的伟大时刻,在世界日益关注海洋权益的今天,出版这套经过缜密修订的全面、系统、科学地介绍海洋知识的《海洋小百科全书》,无疑是奉献给我国青少年朋友的一份珍贵礼物,是激发青少年的海洋兴趣、增长海洋知识、普及海洋文化、宣传海洋文明、提高海洋素质、促进海洋教育所做的一件功在当代、利在千秋的非常具有实践成就和指导意义的工作。

绚丽多姿的海洋召唤着青少年朋友们去探索和揭秘,无穷无尽的海洋宝藏等待着有志于海洋事业的青少年朋友们去开发和利用。这套图文并茂、深入浅出的《海洋小百科全书》,必将以丰富的知识性、深刻的思想性和高雅的趣味性,成为青少年朋友在蓝色海洋里成长、成才的良师益友。

祝愿青少年朋友读完这套书后能够早日成为大海的骄子,为把祖国建设成伟大的海洋经济强国和海洋科技强国贡献自己宝贵的青春和智慧。

国家海洋局局长:孙志辉

2010年4月6日

海洋科教

目 录

一、著名的海洋科学家

1. 你了解海洋科学吗? ……………………………… (2)
2. 秘鲁海流是谁发现的? …………………………… (3)
3. 暴风警报系统的最早设计者是谁? ……………… (4)
4. 谁是海路的发现者? ……………………………… (5)
5. 谁是冰川学和海洋学的奠基人? ………………… (6)
6. 你知道达尔文与"贝格尔"号探险的关系吗? …… (7)
7. "挑战者"号深海探险的主要发起人是谁? ……… (9)
8. 英国海洋生物学的创始人是谁? ………………… (10)
9. 你知道由军医成为海洋学者的赫胥黎吗? ……… (10)
10. 谁是世界第一所海军学院的创办人? …………… (11)
11. "挑战者"号深海探险的队长究竟是谁? ………… (12)
12. 你知道博学多才的生物学家海克尔吗? ………… (13)
13. 青出于蓝而胜于蓝的早期海洋动物学家是谁? … (14)
14. 谁是浮游生物学之父? …………………………… (16)
15. 那不勒斯海洋生物研究所的创始人是谁? ……… (17)
16. 近代海洋学的鼻祖是谁? ………………………… (18)
17. 谁是法国海洋学之父? …………………………… (19)
18. 国际海洋考察理事会的创始人是谁? …………… (20)
19. 你知道热衷于海洋科学研究的国王吗? ………… (21)
20. 马卡罗夫有什么突出贡献? ……………………… (23)
21. 赫耳果兰生物研究所的第一任所长是谁? ……… (23)

22. 经典名著《海洋学》的作者是谁? ………………………… (25)
23. 你知道日本海流调查的创始人吗? …………………… (25)
24. 你知道美国女海洋动物学家拉思本吗? ………………… (26)
25. 南森北极科学探险的辉煌成就是什么? ………………… (26)
26. 谁是前苏联水产海洋学研究的创始者? ………………… (28)
27. 谁是现代气象学之父? ……………………………… (29)
28. 你知道法国著名海洋探险家沙尔科的故事吗? ………… (30)
29. 你知道养殖渔业的开拓者加斯汤吗? ……………………… (31)
30. 谁是水产资源学的鼻祖? ……………………………… (32)
31. 为什么说克努森对国际海洋学作出了伟大贡献? ……… (33)
32. 你知道近代海流学的开拓者埃克曼吗? ………………… (34)
33. 谁是鳗鱼故乡的探寻者? ……………………………… (35)
34. 你了解伟大的海洋探险家贝比吗? …………………… (37)
35. 你知道近代海流力学的开拓者汉森吗? ………………… (38)
36. 美国伍兹霍尔海洋研究所是谁创立的? ………………… (39)
37. 声学鱼群探测器的发明者是谁? ……………………… (40)
38. 谁是日本潮汐学的创始人? ……………………………… (41)
39. 你知道德国著名海洋物理学家德范特吗? ……………… (42)
40. 祖鲍夫对海洋学的突出贡献是什么? …………………… (42)
41. 你知道英国生物化学家哈维吗? ………………………… (43)
42. 为什么称彼得松是深海物理研究新时代的开拓者? ………………………………………………………… (44)
43. 斯韦尔德鲁普是现代海洋物理和海洋气象学巨匠吗? ………………………………………………………… (45)
44. 你知道美国海洋生物学家雷德菲尔德吗? ……………… (47)
45. 汤普森在海洋化学方面的贡献是什么? ………………… (47)
46. 你知道海气相互作用研究的先驱帕尔门吗? …………… (48)
47. 气象学和海洋物理学的革新者是谁? …………………… (49)
48. 首先揭开神秘海底构造的人是谁? ……………………… (50)

海洋科教

49. 日高孝次因什么而成名? …………………… (51)
50. 艾斯林对现代海洋学的贡献有多大? ………… (51)
51. 中国水声物理学的奠基人是谁? ……………… (52)
52. 最早探查大陆架地震的科学家是谁? ………… (53)
53. 你知道南大洋研究的开拓者迪肯吗? ………… (54)
54. 你知道中国著名物理海洋学家赫崇本吗? …… (55)
55. 你知道墨西哥湾流研究先驱富格列斯特的
    故事吗? …………………………………………… (56)
56. 你知道中国海藻学的奠基人曾呈奎吗? ……… (57)
57. 你知道板块构造论的杰出贡献者威尔逊吗? … (59)
58. 中国最早系统研究黑潮的海洋学家是谁? …… (60)
59. 你知道富有管理才干的海洋学家雷维尔吗? … (61)
60. 哪一位海洋探险家荣获过奥斯卡金像奖? …… (61)
61. 你知道温深仪的发明者斯皮尔豪斯吗? ……… (62)
62. 你知道中国海洋遗传学的开拓者方宗熙吗? … (63)
63. 谁是海底扩张理论的创始人? ………………… (65)
64. 你知道极富创造力的物理海洋学家蒙克吗? … (65)
65. 你知道中国物理海洋学家毛汉礼吗? ………… (66)
66. 登上现代物理海洋学高峰的人是谁? ………… (67)
67. 谁称得上是中国海浪研究的先驱者? ………… (68)
68. 你知道美国海洋化学家戈德堡吗? …………… (70)
69. 英年早逝的赤道潜流发现者是谁? …………… (71)
70. 海流测定中性浮标的发明者是谁? …………… (72)
71. 谁是中国南沙考古第一人? …………………… (73)
72. 你知道中国海底科学家金翔龙吗? …………… (74)
73. 你知道中国著名物理海洋学家苏纪兰吗? …… (74)
74. 谁称得上是中国古海洋学的开拓者? ………… (75)
75. 谁是中国现代海洋药物的奠基人? …………… (76)
76. 进入太空的第一位海洋学家是谁? …………… (78)

二、世界海洋科技之最

77. 什么是海洋科技? …………………………………… (80)
78. 世界最早的地球仪是谁发明制作的? ……………… (81)
79. 世界第一颗海洋卫星的命运如何? ………………… (81)
80. 日本发射的第一颗海洋卫星性能如何? …………… (83)
81. 新的世界海底图是用什么资料绘制的? …………… (83)
82. 你知道国际海上发射平台吗? ……………………… (84)
83. 世界上唯一的竖立船是哪一艘? …………………… (84)
84. 你知道"海洋学家"号调查船吗? …………………… (85)
85. "让·沙尔科"号是哪种类型的调查船? …………… (87)
86. "查尔斯·达尔文"号调查船的性能如何? ………… (88)
87. 你知道"流星"号调查船吗? ………………………… (88)
88. 北约组织的第一艘海洋考察船是哪一艘? ………… (89)
89. 你知道欧洲第一艘现代化海洋研究船吗? ………… (90)
90. 谁建造了世界上最大的人工地震勘探船? ………… (91)
91. 中国第一艘科学考察船是怎样建造的? …………… (91)
92. 中国自行设计建造的第一艘海洋调查船是哪一艘? ……………………………………………………… (92)
93. 中国第一艘远洋调查船是哪一艘? ………………… (93)
94. 你知道"向阳红16"号调查船吗? …………………… (93)
95. 你知道"海洋四"号调查船吗? ……………………… (94)
96. "阿尔文"号深潜器的贡献有多大? ………………… (94)
97. 日本第一艘深海救生潜水器何时下水? …………… (96)
98. 中国第一艘载人潜水器的性能如何? ……………… (96)
99. 中国首套单人常压潜水装具何时研制成功? ……… (97)

100. 中国首次氢氧模拟饱和潜水实验的结果如何？ …… (97)
101. 你知道中国第一艘双体半潜船吗？ ………… (98)
102. 美国第一艘海上危险废物处理船何时下水？ … (99)
103. 你知道中国第一艘垃圾处理船吗？ ………… (100)
104. 世界第一艘超导船具有什么性能？ ………… (100)
105. 世界上第一艘多用途破冰船是哪国制造的？ … (101)
106. 世界最大的古代沉船是在哪里发现的？ …… (101)
107. 中国第一艘大马力多用途拖轮哪一年建成？ … (102)
108. 你知道法国第一艘由微机控制的拖轮吗？ … (103)
109. 你知道中国建造的最大船舶是哪一个吗？ … (103)
110. 世界上最大的客轮是哪一艘？ ……………… (103)
111. 世界上最大的拖网渔船有多大？ …………… (104)
112. 中国第一艘旅游观光潜艇何时下水？ ……… (105)
113. 中国最大的客货滚装船是哪一艘？ ………… (106)
114. 中国第一艘国防动员船叫什么名字？ ……… (106)
115. 中国第一艘油轮模拟教学船何时下水？ …… (107)
116. 世界最大的半潜式起重船是哪一艘？ ……… (107)
117. 你知道世界上最大的半潜式漂浮旅馆船吗？ … (109)
118. 中国新一代FZF3-1型海洋资料浮标何时
建造？ ………………………………………… (109)
119. 你知道中国第一台真空抽吸式油水分离
装置吗？ ……………………………………… (110)
120. 你知道中国第一座深水导管架吗？ ………… (110)
121. 中国第一代潮汐预报机是何时问世的？ …… (110)
122. 世界最高的石油钻采平台有多高？ ………… (111)
123. 世界最大水深的海上石油平台有多大？ …… (111)
124. 世界最大的浮动钻井平台是哪一个？ ……… (112)
125. 世界第一座半潜式钻井平台由谁制造？ …… (113)
126. 你知道第一座人造冰岛钻井平台吗？ ……… (113)

127. 世界最大的半潜式平台由哪国制造？ …………(113)
128. 世界第一座软结构海底钻探塔设置在哪里？ …(114)
129. 世界最大的船式浮动原油生产装置在哪里？ …(115)
130. 中国最大的自升式钻井平台何时建成？ ………(115)
131. 中国最大的海上天然气田是哪一个？ …………(116)
132. 你知道当今世界最高的海洋灯塔吗？ …………(116)
133. 你知道世界最大的波浪发电装置吗？ …………(117)
134. 中国第一座大型助航浮标何时研制成功？ ……(117)
135. 你知道中国第一个浅海潜标系统吗？ …………(117)
136. 英国第一座波能电站是何时建成的？ …………(118)
137. 世界上最大的反渗透海水淡化厂建在哪里？ …(119)
138. 你知道中国西沙的海水淡化站吗？ ……………(120)
139. 中国首次出口海水淡化成套设备是何时？ ……(121)
140. 中国首套大型反渗透淡化装置建在何处？ ……(121)
141. 你知道中国第一口海下煤井吗？ ………………(121)
142. 中国第一座海上煤炭转载平台建在哪里？ ……(122)
143. "小型漫游者"遥控潜水器何时问世？ …………(123)
144. 你知道世界上下潜最深的潜水器吗？ …………(123)
145. 中国第一座海洋水族馆是何时建立的？ ………(124)
146. 英国研制的新型潜水器有什么独到之处？ ……(125)
147. 你知道昆虫型水下机器人吗？ …………………(126)
148. 爬行的机器人是谁发明的？ ……………………(126)
149. 中国第一台水下机器人是何时问世的？ ………(127)
150. 你知道中国第一台智能型水下机器人吗？ ……(127)
151. 中国第一台无缆水下机器人的性能如何？ ……(128)
152. 中国第一个深海拖曳式观测系统达到什么
     水平？ ……………………………………………(129)
153. 你知道中国第一台6000米自治水下机器
     人吗？ ……………………………………………(129)

154. 是谁研制中国首套大深度水下作业工具系统？…… (130)
155. 你听说过海中智能机器人吗？ ………………… (130)
156. 深海采矿机器人是如何工作的？ ……………… (131)
157. 法国研制的遥控水下机器人性能如何？ ……… (132)
158. 中国首台载人水下机器人何时投入使用？ …… (132)
159. 你知道美国的海底研究站吗？ ………………… (133)
160. 你知道中国第一台海底图像设备吗？ ………… (133)
161. 有能捕鱼的机器人吗？ ………………………… (134)
162. 你知道带有摄影机的生物取样器吗？ ………… (134)
163. 世界上最小的鱼探仪是什么样的？ …………… (135)
164. 中国第一代智能测深仪具有什么性能？ ……… (135)
165. 你知道基尔综合探测系统吗？ ………………… (135)
166. 你知道世界最大的水下模拟装置吗？ ………… (136)
167. 你知道世界唯一的变动风洞实验设施吗？ …… (137)
168. 你知道世界最大的波浪水槽吗？ ……………… (137)
169. 中国第一座海底模拟实验室是何时建成的？ … (138)
170. 中国第一个"人造海洋"建在哪里？ …………… (139)
171. 中国第一个"水下人造眼"是哪里研制的？ …… (140)
172. 你知道世界深潜纪录吗？ ……………………… (140)
173. 世界第一幅海底温泉图是哪国专家绘制的？ … (141)
174. 世界最大的海洋重力数据库在哪个国家？ …… (141)
175. 你知道中国最大的海洋信息服务系统吗？ …… (142)
176. 日本第一台动力定位系统是何时建成的？ …… (142)
177. 你知道新型惯性导航系统吗？ ………………… (143)
178. 什么是电脑拖网绞车？ ………………………… (144)
179. 世界第一个搁浅海洋动物康复中心建在哪国？ (144)
180. 怎样通过卫星与潜艇进行通信联系？ ………… (145)
181. 你知道最早的有肢鱼化石吗？ ………………… (145)
182. 发现"海峡人"化石有什么价值？ ……………… (146)

183. 你知道世界第一台微型图像显示劳兰吗？……（147）
184. 中国第一代电子航海图系统的技术性能如何？……（147）
185. 世界第一条横跨太平洋的光缆是如何布设的？……（148）
186. 你知道世界第一条越洋海底光缆吗？……（148）
187. 你知道中国第一条海底光缆吗？……（149）
188. 你知道摩纳哥海洋博物馆吗？……（149）
189. 世界第一个航母公园建在何处？……（150）
190. 世界上最大的水族馆是哪一个？……（151）
191. 中国最大的海洋动物展览馆建在哪里？……（152）
192. 中国第一座海底通道水族馆建在哪里？……（152）
193. 你知道英吉利海峡隧道的故事吗？……（153）
194. 海底隧道哪一条堪称世界之最？……（154）
195. 你了解20世纪90年代"长ENSO"事件吗？……（155）
196. 水下"烟囱"是怎样发现的？……（156）
197. 怎样探索地球的"伤痕"？……（158）

三、重大海洋科学考察

198. 什么是海洋科学考察？……（161）
199. 你知道"挑战者"号深海科学探险吗？……（162）
200. "流星"号南大西洋考察具有什么重大意义？……（163）
201. "信天翁"号深海考察的突出贡献是什么？……（164）
202. "铠甲虾"号深海考察的目的是什么？……（165）
203. "勇士"号太平洋探险有什么新发现？……（166）
204. 你知道"挑战者8"号的环球考察吗？……（167）
205. 国际地球物理年的作用如何？……（167）
206. 国际印度洋考察是何时进行的？……（168）

207. 你知道有钻透地壳的计划吗? ……………………(169)
208. 为什么称深海钻探计划为国际巨型科研项目? ……(169)
209. 大洋钻探计划是怎样进行的? ………………………(170)
210. 国际热带大西洋合作调查的内容是什么? …………(172)
211. 黑潮及邻近水域国际合作研究成果如何? …………(172)
212. "国际海洋考察十年"解决了什么问题? ……………(173)
213. 哪国率先实施"深海环境研究计划"? ………………(174)
214. 你知道全球海平面观测计划吗? ……………………(175)
215. 什么是热带海洋全球大气计划? ……………………(176)
216. 世界大洋环流实验是什么时候开始的? ……………(176)
217. 全球海洋观测系统具有什么特点? …………………(178)
218. 什么是全球海洋通量联合研究计划? ………………(179)
219. 中国第一份海洋综合调查方案在哪一年制定? ……(179)
220. 中国现代海洋调查基础实力有多强? ………………(180)
221. 你知道中国近代第一次多学科海洋调查吗? ………(181)
222. 中国首次大规模海洋(渔场)调查是哪一次? ………(181)
223. 中国第一次大规模海洋综合调查成果如何? ………(182)
224. 中国首次海洋地质调查是哪一次? …………………(184)
225. 你知道中国的大陆架调查吗? ………………………(184)
226. 中国首次海洋科学国际合作调查是哪一年? ………(186)
227. 中美首次大规模海洋科技合作进行了什么研究? ………………………………………………………(187)
228. 中国高校首次海洋国际合作调查是哪一次? ………(188)
229. 海峡两岸科学家第一次合作进行海洋调查是哪一年? …………………………………………………(189)
230. 中国海岸带和海涂资源综合调查是什么时候? ……(190)
231. 你知道中国海岛资源综合调查吗? …………………(191)
232. 你知道中国科研人员对南沙群岛进行的科学考察吗? …………………………………………………(192)

233. 中国大洋多金属结核开发进度如何? …………… (193)
234. 中国为什么要启动新一轮大规模海洋调查? … (195)
235. 中国新一轮大规模海洋调查的重要意义是
      什么? ……………………………………………… (195)

四、世界海洋科研教育

236. 你了解联合国教科文组织吗? ………………… (198)
237. 政府间海洋学委员会是干什么的? …………… (198)
238. 国际海啸警报中心何时建立? ………………… (200)
239. 国际科学联合会理事会的主要任务是什么? … (200)
240. 你知道海洋研究科学委员会吗? ……………… (201)
241. 你知道国际水道测量局吗? …………………… (201)
242. 国际海底管理局管什么? ……………………… (202)
243. 国际海事卫星组织的作用是什么? …………… (203)
244. 北太平洋海洋科学组织有哪些会员国? ……… (203)
245. 你知道国际海洋研究所吗? …………………… (204)
246. 太平洋海洋环境实验室的贡献如何? ………… (204)
247. 中国国家海洋局组建于何时? ………………… (205)
248. 美国海军海洋学局的任务是什么? …………… (206)
249. 美国海军海洋研究与发展中心的特色是什么? … (207)
250. 美国海军海洋学与大气科学研究所实力如何? … (208)
251. 世界最著名的海洋研究所是哪一个? ………… (209)
252. 伍兹霍尔海洋研究所的科研实力如何? ……… (210)
253. 你了解拉蒙特·多尔蒂地质研究所吗? ……… (212)
254. 夏威夷大学水下研究中心的任务是什么? …… (213)
255. 你知道斯基达韦海洋研究所吗? ……………… (213)

海洋科教

256. 加拿大最大的海洋研究机构是哪一个？ ………（214）
257. 你知道加拿大海洋科学研究所吗？ …………（214）
258. 你知道英国普利茅斯海洋研究所吗？ ………（215）
259. 英国迪肯海洋科学研究所的中心任务是什么？……（215）
260. 你知道普劳德曼海洋研究所吗？ ……………（216）
261. 邓斯塔夫内奇海洋研究所主要研究什么？ …（216）
262. 法国海洋国务秘书处的职能是什么？ ………（217）
263. 你知道法国海洋开发研究院吗？ ……………（217）
264. 法国布列塔尼海洋科学中心的特色是什么？ …（218）
265. 法国海军海洋学和水道测量局的任务是什么？ …（219）
266. 法国布雷斯特海洋科学中心的强项是什么？ …（219）
267. 德国最大的海洋研究机构是哪一个？ ………（220）
268. 德国以极地研究为主的研究所是哪一个？ …（220）
269. 你了解赫耳果兰生物研究所吗？ ……………（220）
270. 哥德堡大学海洋研究所的重点在哪里？ ……（221）

271. 你知道挪威海洋研究所吗？ …………………（221）
272. 挪威大陆架研究所主要研究什么？ …………（221）
273. 芬兰海洋研究所的作用和任务是什么？ ……（222）
274. 哪个海洋研究所的规模堪称世界第一？ ……（222）
275. 俄罗斯国立海洋研究所的主要任务是什么？ …（223）
276. 你知道澳大利亚海洋科学研究所吗？ ………（224）
277. 澳大利亚海洋学部的中心任务是什么？ ……（224）
278. 你知道中国科学院海洋研究所吗？ …………（225）
279. 中国国家海洋局各研究所的任务和特点是什么？ …（226）
280. 中国唯一从事海洋技术研究的机构是哪一个？ …（227）
281. 你知道国家海洋环境监测中心吗？ …………（227）
282. 中央电视台的海浪预报是由哪里发布的？ …（228）
283. 你知道国家海洋信息中心吗？ ………………（229）
284. 中国水产科学研究院下设机构有哪些？ ……（229）

11

285. 中国唯一的海洋地质研究机构在哪里？……… (230)
286. 你知道日本海洋科学技术中心吗？………… (230)
287. 韩国海洋研究与开发研究所的任务是什么？… (231)
288. 巴基斯坦国立海洋研究所的研究重点在哪里？…… (232)
289. 你知道印度国立海洋学研究所吗？………… (233)
290. 泰国普吉海洋生物中心是如何建立的？…… (233)
291. 你知道国际海洋学院吗？…………………… (234)
292. 华盛顿大学应用物理研究所的贡献是什么？… (235)
293. 迈阿密大学有海洋大气科学学院吗？……… (236)
294. 罗得岛大学有哪些涉及海洋的院系？……… (237)
295. 得克萨斯农工大学涉海内容有多少？……… (237)
296. 特拉华大学有几个涉及海洋的院系？……… (238)
297. 你知道多伊豪西大学海洋学系吗？………… (238)
298. 加拿大麦吉尔大学有几个海洋系、所？…… (239)
299. 纽芬兰大学从事海洋科研的特点是什么？… (239)
300. 不列颠哥伦比亚大学有哪些涉海的系、所？ (240)
301. 加拿大魁北克大学有研究海洋的系、所吗？ (240)
302. 英国利物浦大学的海洋科技实力如何？…… (240)
303. 威尔士大学有几个涉及海洋的院系？……… (241)
304. 达勒姆大学对海洋科学研究的贡献如何？… (242)
305. 斯特拉斯克莱德大学海洋技术中心的特色是什么？………………………………………… (242)
306. 汉堡大学有几个涉海的研究所？…………… (243)
307. 中国最早的海洋高等学府是哪一所？……… (243)
308. 中国第二所海洋大学是哪一个？…………… (245)
309. 你知道浙江海洋学院吗？…………………… (246)
310. 厦门大学海洋科学研究的实力有多强？…… (247)
311. 南京大学海洋研究有什么特色？…………… (249)
312. 你知道大连海事大学吗？…………………… (249)

海洋科教

313. 大连理工大学有哪些涉海的专业? ……………(250)
314. 天津大学海洋与船舶工程系有什么特点? ……(251)
315. 宁波大学也有涉海专业吗? ………………(251)
316. 河海大学交通学院、海洋学院建于何时? ………(252)
317. 华中科技大学海洋科技实力有多强? …………(253)
318. 你知道上海交通大学船舶与海洋工程系吗? …(254)
319. 你知道大连水产学院吗? ………………(255)
320. 中国台湾省也有海洋大学吗? ……………(256)
321. 中国台湾省中山大学的涉海机构有几个? ……(257)
322. 你知道中国台湾大学海洋研究所吗? …………(257)
323. 日本东京大学海洋研究所成立于何时? ………(257)
324. 日本东海大学有哪些涉及海洋的部、所? ……(258)
325. 你知道东京海洋大学吗? ………………(258)
326. 你了解韩国海洋大学吗? ………………(259)
编后记 ……………………………………(261)
《海洋小百科全书》分类目录 ……………(262)

13

海洋科教

著名的海洋科学家

1. 你了解海洋科学吗？

从月球看地球，地球是一个巨大的蓝色水球。这是为什么呢？因为地球表面有71％是被海水覆盖着的。浩瀚的海洋神秘莫测，蕴藏着丰富的海洋资源，人们渴望探求它的奥秘。

人类认识海洋的历史，是由在沿海或海上从事生产活动开始的。古代人类已具有关于海洋的一些地理知识，但直到19世纪70年代，英国皇家学会组织"挑战者"号完成了首次环球海洋科学考察之后，海洋学才开始逐渐成为一门独立的学科。随着科学技术的发展，海洋学在20世纪50年代—60年代以后，获得了突飞猛进的发展，逐渐成为一门综合性很强的学科。

现代海洋科学考察

那么，到底什么是海洋科学呢？它是研究什么的呢？实际上海洋科学是研究海洋的自然现象、性质及其变化规律，以及与开发利用海洋有关的知识体系。海洋科学研究的对象是海洋，它包括海水、溶解和悬浮于海水中的物质、生活于海洋中的生物、海底沉积物和海底岩石圈，以及海面上的大气边界层和河口海岸带等好多的内容。因此,海洋科学是地球科学的重要组成部分,它与物理学、化学、生物学、地质学、大气科学以及水文科学等密切相关。这些领域的研究成果对海洋资源的开发利用以及海上军事活动等有着十分重要的价值。

在对海洋科学的探索和研究的过程中,科学家们付出了艰辛的劳动,海洋科学的每一个发现都凝结着他们的心血。让我们从国内外著名的科学家在不平凡的人生中对海洋科学发现和发展所作的不朽贡献里,来进一步增加对海洋科学的全面、系统的了解吧。

2. 秘鲁海流是谁发现的?

秘鲁海流是一条沿着南美洲西岸向北流动的寒冷的大洋流,是世界大洋流的重要组成部分。最早发现它的人是德国的地理学家洪堡(1769—1859年)。他在《洪堡和邦普兰德美洲内地旅行》的探险报告中首次报道了秘鲁海流(当时称洪堡海流)的观测记录情况。

洪堡出生于柏林,曾在柏林格廷根法兰克福大学和弗赖贝格矿业学院受过教育,1799—

洪堡(1769—1859年)

1804年,他到中美洲和南美洲进行了一次长时间的探险考察。后来,在法国植物学家邦普兰德的陪同下,他乘"皮萨罗"号小船,先后到过古巴、墨西哥和南美沿岸的许多地方。他用10年的时间整理出版了这次探险的发现成果,编入《洪堡和邦普兰德美洲内地旅行》一书,书中详细介绍了沿着南美洲西岸流动的寒冷大洋流(洪堡海流)的情况。

1845—1858年,洪堡还在欧洲和亚洲进行过多次旅行科学考察,并到处进行讲演活动。他把这些讲演稿以《宇宙》为书名出版。这部书可以称得上是一部自然宇宙的百科全书,使洪堡成为那个时代在自然地理学、气象学和海洋学方面最伟大的科学家之一。

3. 暴风警报系统的最早设计者是谁?

每到夏秋季节,人们会经常从电视上看到台风预报。如果没有这种预报,可怕的风暴就会给人类带来巨大的灾难。其实,人们在很早以前就盼望有一种可以预报风暴的仪器,使他们摆脱风暴的突然袭击。

菲茨罗伊(1805—1865年)

英国海军军官、水文地理学家和气象学家菲茨罗伊(1805—1865年)就是暴风警报系统的最早设计者。他在1819年参加皇家海军,1828年担任"贝格尔"号船船长。1831年12月27日同达尔文等同乘该船从朴茨茅斯启航,进行航海探险,探险队先后到过佛得角群岛、南美海岸、麦哲伦海峡、塔希提岛、新西兰、澳大利亚等地,1836年10

月 2 日返回英国。

1839 年,菲茨罗伊发表了《1826 年和 1836 年间英王陛下的"冒险"号和"贝格尔"号考察航行记》和《南美南岸考察与"贝格尔"号的环球航行》两卷著作,第三卷是著名的《"贝格尔"号的航行》,由达尔文在 1839 年发表。

从 1854 年起,菲茨罗伊献身于气象学,他设计的这种报警系统,后来被作为每日天气预报规范的暴风警报系统,得以广泛应用。

4. 谁是海路的发现者?

美国最早的水文学家、海洋学创始人之一莫里(1806—1873 年)是海路的发现者。他出生于美国弗吉尼亚州,17 岁时加入海军。1829—1831 年,他乘"文森涅斯"号进行环球航行;1831—1833 年,又乘"法莫斯"号出航太平洋,从而积累了丰富的海上经验。1836 年,他发表了《新理论和实地航海学纲要》一书,成为美国海军航海学的教科书。当他发现旧航海日

莫里(1806—1873 年)

志要被水兵当破烂扔掉时,便产生了用这些资料汇编导航图志的想法。于是,他从各国船只那里搜集来大量有关风、海流和水温等的观测记录,编绘出领航图,使航船缩短了航程。1847 年,他又绘制出精确的风和海流图,以及鲸的洄游路线,对当时的航海业和捕鲸业均起了积极

的作用。

1854年,莫里首次发表了《北大西洋水深图》一书,为铺设横贯大西洋的海底电缆提供了重要依据。第二年,他在伦敦出版了《海洋自然地理学》和《航路指南》。莫里由于在海洋学和气象学方面的卓越功绩,而受到各国的赞赏,被称为美国前所未有的学者。

5. 谁是冰川学和海洋学的奠基人?

瑞士人阿加西斯(1807—1873年)是冰川学和海洋学的奠基人。他出生于瑞士莫捷,从大学时代起就十分爱好鱼类学,并从事一些研究工作。1836年,他开始着手冰川研究。1840年,他在温特阿尔冰川旁,用石块砌起一间小屋,建立了世界第一个冰川研究站,观测冰川运动,探测冰川厚度,研究冰川结构,并取得了引人注目的成就,为近代冰川学研究奠定了基础。

阿加西斯(1807—1873年)

1846年,他在德国科学家洪堡的资助下,只身一人去美国讲学。1847年,他应邀登上美国海岸测量局的调查船,进行海洋调查,以后便对海洋研究发生了浓厚的兴趣,并开始钻研海洋生物学。1848年,哈佛大学开设了自然史讲座,请他担任教授。在这里,他从事了大量的海洋科学研究工作,在哈佛大学一间古老的木制小屋里,设立了"比较动物学博物馆",开始探索以前收集的标本的地理分布、起源以及它们之间的联系。第二年,他又新建了一所房屋,人们都称它为"阿加西斯博物馆",为美国海洋生物学的发展奠定了基础。

1859年,达尔文的《物种起源》一书出版,轰动了整个海洋学术界,同时,也激起了阿加西斯对海洋研究的极大兴趣,因为海洋很可能是所有生物祖先的发源地。1871—1872年,他和儿子一起乘海岸警备队的调查船,对巴西至西印度群岛、麦哲伦海峡至南美西岸、佛罗里达至旧金山沿海,进行海洋测量和生物标本的采集工作。他从底栖动物标本中发现了化石型动物,在搜集和总结这些资料后,提出了"大洋和大陆从远古以来从未发生过变化,它永恒存在"的观点,并建立起美国最早的海洋生物实验室。

6. 你知道达尔文与"贝格尔"号探险的关系吗?

达尔文是英国生物学家、进化论的奠基人,他的《物种起源》一书一问世,就震动了当时学术界。恩格斯认为他的生物进化论是19世纪自然科学三大发现(能量守恒和转换定律、细胞学论和进化论)之一。那么,达尔文与"贝格尔"号探险又有什么关系呢?

达尔文(1809—1882年)出生于英国的一位医师家庭里,从小就爱好收集动植物。少年时

达尔文(1809—1882年)

期,他读了《世界的奇异》一书,为了解决书中提出的许多疑难问题,他十分渴望将来能到遥远的地方去考察、旅行。他在爱丁堡大学读书时,就非常热衷于研究鸟类和昆虫。他父亲知道他不想当医师后,就把他送到剑桥大学(1828—1831年)学牧师,但他的兴趣仍然是收集昆虫。在植物学教授亨斯洛的影响下,他以极大的兴趣阅读了《丰伯尔特旅行记》等书。1831年,当他从北部威尔士地质考察旅行回来时,接到了亨斯洛教授的来信,告诉他"贝格尔"号将进行探险航行。达尔文认为这是一个实现自己多年梦想的绝好机会,经过四处奔走,终于以一名青年博物学者的身份参加了"贝格尔"号的远航,这时他才22岁。

事实证明,参加"贝格尔"号的远航(1831—1836年),对达尔文的一生起了十分重要的作用。通过这次远航,达尔文直接接触了自然科学的各个学科,使他第一次受到真正的实践锻炼,大大提高了观察能力。在船舶所到之处,他都进行了大量认真的地质和化石调查,并与以前读过的《地质学原理》中的内容进行了对照,从而认识到这本书的重要价值。他搜集了各个分科的动物,记载了大量的海产动物,并做了一些简单的解剖。同时,他认真写日记,详细地记录下所见所闻。在这5年的海洋调查中,他以顽强的毅力克服了极度晕船的困难,努力采集样品,并进行精心观察,养成了把书本知识与实际见闻相结合的良好习惯。

1842年,他根据珊瑚礁的构造和分布,提出了关于珊瑚礁成因的学说。他还参照《地质学原理》一书的观点，指出沉降火山岛的火山口边缘是由环礁构成的。1859年11月，他发表了《物种起源》，这是一部划时代的杰作。这本书写得非常成功，初版发行当天就销售一空，并被译成多国文字。

7. "挑战者"号深海探险的主要发起人是谁？

世界上第一次环球深海探险是英国"挑战者"号于1872年12月7日至1876年5月26日完成的。这次环球深海探险意义十分重大，成为近代海洋科学的开端。

这次重要探险的主要发起人是英国人卡彭特（1813—1885年）。卡彭特是一名十分有才华的学者，除了精通医学外，他还努力钻研有关海洋的一些学科。在1835—1885年的几十年间，他发表了有关海洋无脊椎动物、深海动物、海洋环境、水温、有孔虫等293篇论文。他是达尔文进化论的最早支持者。

1865年，当他在阿兰岛采样时，偶尔采集到的海星和海百合类等动物，引起了他的极大兴趣。第二年，他发表了关于这些动物的构造和生理的论文，并强调深海探险船环球航行的必要性。在他的积极倡导下，1871年，他的愿望终于实现了。"挑战者"号科学考察船启航前，英国皇家学会决定由他任考察队队长，但由于年事已高，他还是辞去了队长的职务。

8. 英国海洋生物学的创始人是谁？

福布斯（1815—1854年）是最著名的学者，虽然他的生命只有短短的39年，却留下了第一流的研究成就，成为英国海洋生物学的创始人。福布斯是典型的"现场科学家"，他一生都在从事实际的调查和观察工作。

从1832年起，他每年都要到爱尔兰海等海区用采样器采集生物样品。1840—1841年，他乘"比康"号考察船到爱琴海用取样器采集海底生物，根据调查结果，于1840年出版了《海星类研究》一书。书中按照不同的深度将爱琴海分成8个带，深度越大，生物越少，540米以下是无生物带（后来证实这是错误的）。

福布斯（1815—1854年）

1842年，他创立了英国古生物学协会，并写有题为《英国第三纪棘皮动物》的论文。1850年，他还发表了英国海产生物分布图。他认为，如果用采样器去英国北方的赫布里底群岛、设得兰群岛、法罗群岛之间进行调查取样的话，那将会对海洋生物学作出更大的贡献。

9. 你知道由军医成为海洋学者的赫胥黎吗？

赫胥黎（1825—1895年）出生于伦敦郊外，1845年获医学学士后，成为一名军医。1846年，他应邀乘巡洋舰

"响尾蛇"号去新几内亚海岸探险。在4年的探险航海中,他重点研究了海产动物的形态和生理学,并发表了关于水母的论文,受到专家的好评。1851年,在英国著名海洋生物学家福布斯教授的推荐下,26岁的赫胥黎成为英国皇家学会会员。1852年,他发表了关于海鞘及水母的

赫胥黎(1825—1895年)

论文,为此皇家学会授予他福布斯奖章。1883年,他被委任为英国皇家学会会长。1888年,由于赫胥黎的建议,英国设立了普利茅斯海洋生物学研究所。他的孙子 J·赫胥黎,后来也成为世界闻名的生物学家。

10. 谁是世界第一所海军学院的创办人?

世界上第一所海军学院是由美国人卢斯在1884年建立的。卢斯(1827—1917年)1841年入海军军官学校,1886年晋升为海军少将,致力于改进海军教育,他的《航海技术》一书成为标准教科书。经过他的长期游说,美国终于于1884年在纽波特成立了海军学院,卢斯担任首任院长,直至1889年退休。他所倡导的海上力量理论在19世纪末

卢斯(1827—1917年)

和20世纪初,为全世界所公认。其后,日本、英国和德国也相继建立了类似的海军最高学府。所以,卢斯称得上是世界上海军最高学府的倡导者和创办人。

11．"挑战者"号深海探险的队长究竟是谁？

当年,由于年事已高,"挑战者"号深海探险活动的主要发起人卡彭特辞去了探险队队长的职务,作为"挑战者"号深海探险的发起人之一、英国博物学家汤姆森(1830—1882年)代替卡彭特担当了"挑战者"号深海探险的科学考察队队长的要职。他以顽强的毅力,克服了重重困难,出色地完成了这次探险。

汤姆森出生于爱丁堡,在爱丁堡大学学医时,却以采集海岸生物为乐。1850年,他在医学系没取得学位就离开了大学,开始了博物学方面的研究。他的才干得到了很多人的赞赏,1860年被提升为贝尔法斯特大学的地质学、动物学教授。

汤姆森对海百合类等的海洋生物学和古生物学的研究很感兴趣,在挪威的罗弗敦群岛近海550米深处的一次取样中,他采到了活着的小海百合,轰动了整个学术界。他在总结了参加"莱特宁"号和"波尔库帕因"号在1868—1870年的4次深海调查的结果后,于1872年撰写了名为《海洋深处》的专著,书中明确指出:"海洋中不存在无生物带,从表层至深海栖息着多种动物,其中许多动物都与第三纪或白垩纪绝种的某些动物化石有着十分密切的联系。"几次探险的成功,使汤姆森的名望大大提高。

"挑战者"号环球深海探险结束后,汤姆森就担任了

"挑战者"号探险委员会主席,承担了分配大量标本以及总结和出版调查报告的工作。尽管他多年来没有从事个人的研究,但致力于调查研究成果的汇总工作成就卓著,因此,英国女王于1876年授予他勋爵爵位,英国皇家学会也授予他金质奖章。汤姆森教授还是一位博学多才、精明强干、富有幽默感的社交家和科学事业的伟大组织者,对海洋科学的发展作出了极其卓越的贡献。

汤姆森(1830—1882年)

12. 你知道博学多才的生物学家海克尔吗?

德国人海克尔(1834—1919年)是一位博学多才的生物学家。他天资聪颖,在少年时代就表现出了出众的才华。他一生不仅在海洋动物学方面作出了很大的贡献,同时也是一位哲学家、诗人、画家。他在《宇宙之谜》、《生命的奇迹》等著作中提出了自然的一元论的观点,认为"无论是石头、水、放射虫、针枞、大猩猩,还是中国的皇帝,都是活着的神"。

海克尔大学时代学的是医学,可他在那个时期就被显微镜下的生物结构所吸引。特别是在弥勒教授的影响下,更加热衷于比较解剖学的研究。他跟随弥勒教授到北海赫耳果兰岛和地中海的尼斯调查海洋生物。他永远不会忘记,第一次见到弥勒教授打捞上来的一些活动物,与海水一起放入玻璃器里时的惊喜心情,更不会忘记那令人惊叹的美丽水母,闪闪发光的栉水母,动作敏捷的箭虫,令人眼花缭乱的无数桡足类甲壳动物、糠虾、蠕形动物、棘皮动物幼体等。

海克尔(1834—1919年)

后来,他在地中海的墨西拿海峡采集到大量的放射虫,并开始对放射虫进行研究。1861年,年仅27岁的海克尔成为第一流的科学家,被耶拿大学聘为教授。以后,他继续利用"挑战者"号采集的标本研究放射虫的生态,进一步弄清了水母类的分类、发育和生态,并施展他的绘画才能,绘出无数的石版画。他常在北自挪威海,南至地中海,不辞辛苦地拉网,认真研究海洋中的石灰海绵和腔肠动物,并根据第一手资料,一一将它们分类,为后人提供了大量的研究资料。

13. 青出于蓝而胜于蓝的早期海洋动物学家是谁?

阿加西斯(1835—1910年)是海洋学奠基人阿加西斯之子,"青出于蓝而胜于蓝"这句话在他身上得到了很好的体现。

1874年,小阿加西斯在自己住所附近新建了一个私立研究所,接管了父亲留下的"比较动物学博物馆",又投入 150 万美元资金进行扩充。这个博物馆展出的动物的地理分布,比世界上任何一个博物馆都详细得多。他在这里从事海洋科学研究工作长达 50 年,先后出版有关海洋动物研究的杂志共 54 卷,论文集 40 卷。

在 1877—1905 年期间,他多次乘"布莱克"号和"信天翁"号调查船出海,不断改进测深仪和其他海洋学装备,刻苦钻研珊瑚礁长达 30 余年。根据多次调

阿加西斯(1835—1910 年)

查的资料,他认为完全可以不用达尔文的"大地沉降说"也能解释珊瑚礁的形成过程,这在当时可算是一项了不起的成就。

1904—1905 年,已经 70 高龄的小阿加西斯乘"信天翁"号调查船驶往东太平洋。在他的指挥下,搜集到的有关海洋生物学方面的样品,是当时任何调查船都无法比拟的。仅在一次 3200 米深海取样过程中,所获深海鱼的种类就比"挑战者"号整个船程中取得的还要多。

1910 年,小阿加西斯在访问欧洲的归途中去世。人们在追忆他的事业发展历程时感慨万分,他受的是矿山工程教育,却毕生钻研海洋生物学,在生物和形态学上作出了重大贡献,成了当时一流的海洋动物学家。他热爱海洋事业,并把从矿山得到的百万财富奉献给提高海洋科学的研究水平。为了纪念他的不朽业绩,美国科学院

设立了阿加西斯金质奖章,专门授予那些有独创成就的海洋学者。迄今为止,已有50多位海洋学者获得此项殊荣。

14. 谁是浮游生物学之父?

亨森(1835—1924年)是德国著名海洋生物学家,是浮游生物学研究的创始人,因此被称为浮游生物学之父。他于1870年开始致力于海洋学的研究。他深入地研究了海洋生产力的起源,定量地研究了海洋物质代谢的方法,探讨了鱼类所需的基本饵食及数量。他对北海渔业的发展作出了很大贡献,可以说,是他奠定了水产资源学的基础。

亨森(1835—1924年)

他设计制成的鱼卵采集网和浮游生物采集网沿用至今,被称为亨森网。此外,亨森还制作了许多确定浮游生物量的工具,如吸液管、计数板、计数显微镜、过滤器等,确保了浮游生物的定量研究。他把浮游生物命名为"Plankton",得到了世界的公认。所以说,他是浮游生物定量研究的创始人和浮游生物学研究的开创者。

1889年7月至10月,在亨森的指挥下,进行了一次浮游生物专项探险,航线横穿大西洋,经格陵兰、马尾藻海到佛得角,沿阿森松岛、巴西,最后回到欧洲。他在这次调查中发现,温暖海洋中的浮游生物很少,而寒冷的海洋中浮游生物数量却很大。

1895年,亨森致力于在一定时间、固定场所测定浮游生物量的探索,了解生物量的分布及其变化,目的在于改善采集方法。1897年,他调查了浮游动物的生产速度,为后来学者对这个问题的深入研究打下了基础。

15. 那不勒斯海洋生物研究所的创始人是谁?

那不勒斯海洋生物研究所是一所具有相当规模的国际性研究所,各国学者都可以在这里借用研究室开展研究。它的建造者是德国著名生物学家海克尔的学生多恩。

多恩(1840—1909年)于1872年投资400万法郎在意大利的那不勒斯建立了海洋生物研究所,成为这个所的创建者和第一任所长。

1868年,多恩在去意大利西西里岛旅行时,发现墨西拿海峡的生物异常丰富,便在这里建立了一个小小的实验室,从事海洋生物研究工作,并从此开始在德国筹集资金,准备建一所大型的临海研究所。为了利用附属的水族馆的门票收入作为研究所的经费,他决定在旅游区那不勒斯建立研究所。该研究所1872年破土动工,1874年竣工开放。以后在1886年和1903

多恩(1840—1909年)

年两度扩建。建所经费除多恩个人出资外,德国、英国、意大利等国也提供了一些援助。该所建成后,使地中海海洋生物研究飞速发展,从而出版了一部很有价值的经典著作——《那不勒斯湾的海产动植物》。

16. 近代海洋学的鼻祖是谁?

默里(1841—1914年)出生于加拿大的安大略省。在爱丁堡大学求学期间,强烈的求知欲望使他只顾钻研自己爱好的科目,而不重视考试和获取学位,因此,入大学10年,虽然钻研了许多学科,却未能毕业,他以大学毕不了业而出名。

默里(1841—1914年)

参加"挑战者"号探险时,他已是一名31岁的老学生了。尽管如此,在这次探险中他承担了浮游生物、海底沉积物和珊瑚礁等的调查研究。在航海过程中,他从智利寄回英国一篇题为《远洋性沉积物、表面微生物与海底的关系以及脊椎动物》的论文,后来成了历史性文献。他对珊瑚礁特别是环礁的成因,提出了具有独创性见解的新学说,填补了达尔文学说的不足。

探险结束后,默里被任命为主持"挑战者"号探险事务局的资料整理和学术报告编辑工作主任。在此期间,由于工作成就显著,不久就成为学术界有影响的人物。他与挪威著名海洋生物学家霍尔特共同撰写的《深海》一书(1917年)成为学术界的经典名著。

1913年,他的名著《海洋》一书最早使用了"海洋学"一词,并下了明确定义。他指出:海洋学包括植物学、动物学、化学、物理学、力学、气象学、地质学,海洋学与地理学也有密切的关系,它能够给予人类不可估量的影响,其分布和特性也与生产和经济有关。因为在海洋学研究方面的突出贡献,默里被称为近代海洋学的鼻祖。

17. 谁是法国海洋学之父?

图雷(1843—1936年)生于阿尔及尔,开始时学矿物学,后来把专业从沿岸近海海底地质学研究转向了海洋学研究,并成为法国海洋学之父。

1886年,他乘"克劳林德"号调查船到纽芬兰探险,正式开始对海洋学进行更深入的研究。根据这次调查结果,他于1890年和1896年发表了两卷《海洋学》(静力学、动力学),受到法国海军部长的表扬,并获得金质奖章,"法国海洋学之父"也因此而得名。

1897年前后,图雷曾与摩纳哥国王艾伯特一世乘"艾利斯公主"号调查船到地中海、大西洋和北极海域进行过海洋调查。他以艾伯特一世提供的地质标本为基础,绘制出法国近海的底质分布图。他发明的用粗细不等的几种筛网进行底质砂粒分析的方法,至今仍在沿用。

1904年,图雷的科普著作《海洋,其法则和问题》一书问世。1908—1913年,他总结了地中海沿岸地质调查的结果,并绘制出5幅彩色海洋地质图。

第一次世界大战的爆发,使他的科研工作受到很大的影响。后来,他移居巴黎,在巴黎大学海洋研究所提供的一间实验室里,继续从事海洋研究直至去世。此间,他在巴黎大学海洋研究所的所刊上发表了几百篇研究论文。

18. 国际海洋考察理事会的创始人是谁?

彼得松(1848—1941年),是海洋生物物理化学环境学的开拓者。他生于瑞典哥德堡,1881—1905年在斯德哥尔摩新建的工业大学任化学教授期间,开始了海洋学的研究。他的故乡在波罗的海的格鲁马尔峡湾附近,因此,他很喜欢海洋。他从研究海水的比热、潜热开始,一直深入到波罗的海、北极海域的水温变化和冰况等水文方面的研究。1878—1879年,应北极探险家诺登舍尔德的邀请,他参加了"维加"号的西伯利亚海的考察,回来后,他写出了《西伯利亚海海况》的研究报告。1891年,他调查瑞典沿海,建立了卓越的功绩,获得学士院金质奖章。

彼得松(1848—1941年)

彼得松相信,深入的海洋研究必将促进海洋资源的开发和利用,而海洋中的生物现象只有从物理和化学的角度才能够解释。他看到因使用拖网而伤害鱼苗时,感到非常痛心。通过多次试验,他终于研究出保护鱼苗的方法,避免或减少了鱼苗的伤亡。但是,要想很好解决这一问题,单靠一个国家是不行的,必须进行国际合作。于是,他与本国的埃克曼、挪威的南森、丹麦的克努森等著名海洋学家商议,终于建立起永久性的国际海洋考察理事会。该理事会建立初期,他担任副会长,1915—1920年间任会长,是该会的创始人之一。他60岁时辞去教授职务,在他的宅院里,设立了观测所,为海洋研究贡献了余生。他在发明仪器方面也具有天赋。他亲自设计出各种观测仪器,如彼得松采水器等,以后世界通用的南森采水器就是在彼得松采水器的基础上改装而成的。

19. 你知道热衷于海洋科学研究的国王吗?

摩纳哥国王艾伯特一世(1848—1922年)既是一位令人尊敬的国王,又是海洋学研究的先驱。他年轻时参加过西班牙海军,曾任过舰艇上的中尉。退役以后,他开始乘帆船进行海洋考察。1873年1月,他访问了探险途中的"挑战者"号后,很受感动。他是一名优秀的海员,具有相当熟练的驾驶技术,因此,他不仅创建了好几艘调查船,而且还乘船从大西洋的赤道带至北极海,广泛地进行海洋调查研究。他1892年建造的"艾利斯公主"号、1898年建造的"艾利斯公主2"号、1911年建造的"伊伦迪尤2"号在当时都是豪华的调查船。艾伯特一世的海洋研究主要表现在三个方面。

在表层海流研究方面。他采用投放测流标的方法研究北大西洋表层海流。他把玻璃瓶测流标内装上用9国文字印刷的卡片,请发现者把回收地点和时间写在卡片上寄回。根据回收报告,绘制出海水的推测流径,确定了北大西洋存在着顺时针方向的环流,其流速在区段各不相同。1892年,他根据回收的2000个海流瓶的报告,重新绘制出著名的"北大西洋表层海流图"。

艾伯特一世(1848—1922年)

在深海测深研究方面。最初测深时,他采用的是把深海铅锤拴在绳上的落后方法,后来改用了钢丝,最后使用了钢缆。1891年,他设计了自制的测深机,一个人便可控制钢缆的卷扬,同时可以调节速度。他采用各国在探险过程中取得的比较可靠的测深数据,绘制出1∶1000万的《世界大洋水深图》。它的出版,对海洋学的发展有着卓越的贡献。

在海水组成及其与海洋生物的关系研究方面。艾伯特用布坎南采水器采集了多种水样并进行化学分析。他在海洋学方面的最大贡献是改进和设计测定仪器。他改进了布坎南测深管,设计了诱饵式陷网、立式拖网、中层用拖网、三角形采集器、带状网、水中诱鱼灯等多种深海调查工具。

艾伯特一世的晚年,仍致力于国际海洋调查事业,先后担任过多种国际会议的主席,对海洋学的研究和发展作出了卓越的贡献。为纪念他的功绩,设立了摩纳哥大公艾伯特一世纪念奖,以授予法国和其他国家的著名海洋学家。

20. 马卡罗夫有什么突出贡献?

马卡罗夫(1849—1904年)是俄国19世纪末到20世纪初卓越的航海家、海洋学家。他出生于船员家庭,自幼喜欢海洋,10岁开始学习海洋科学和航海知识。到20岁时,他已经积累了6年去各国航行的航海经验。

19世纪70年代末,马卡罗夫开始了黑海的调查,以后,便埋头于海洋学的研究。1881—1882年,他作为"塔曼"号船的船长,详细地观测了黑海水和地中海水通过博斯普鲁斯海峡时的交换情况。后来,他又通过大量实测,得出了关于两个海流的流向、流速、流量及其季节变化、黑海和马尔马拉海的水位差等重要结论。1886年8月31日至1889年5月20日,以马卡罗夫为舰长的俄国"勇士"号海洋调查船进行环球一周的航行。他还广泛地收集了1806—1890年的北太平洋水温资料,绘制出表层和400米深的水温分布图。1899年和1901年,马卡罗夫还两次乘"耶尔马克"号去北极海域探险,归来后,总结了探险结果,出版了《冰中的"耶尔马克"号》一书。他在他的著作《海冰理论笔记》一书中,论述了计算海冰量的新方法和绘制海冰分布图的方法。马卡罗夫作为一个海洋学家最杰出的贡献是发明并亲自制造调查所需要的各种仪器,如海流计、水温记录器、测深计以及鱼雷等。他可以被称为俄国最早的海洋生物学家。

21. 赫耳果兰生物研究所的第一任所长是谁?

德国有一所赫耳果兰生物研究所,建立于1891年,他的第一任所长是海因克(1852—1929年)。他是一位以研究鱼类生活史而著称于世界的学者。

海因克(1852—1929年)

海因克从学生时代起就非常热心观察动物,立志将来钻研动物学。他从1873年开始研究海洋渔业,为了了解鱼类的分布,他决心从科学的角度,弄清鱼类生活条件的基础。从那时起,他开始长期钻研,一直到最终。从1874年起,他专门从事鲱鱼种族系统的研究,发现了"鲱鱼种群的变异"。

1885年,应亨森邀请,海因克参加了"霍尔萨蒂亚"号的探险。在这次探险调查中,他发现外洋营养源比北海和波罗的海的少得多。1888—1890年,他多次乘渔船出海调查,为发现鲱鱼的洄游和产卵场所做出了积极的努力。当时,英国已经开始用汽轮拖网,海因克调查了轮船拖网对鱼类繁殖的影响。从长远看,作为国际北海调查事业的重要一环,需要进行持久的研究。于是,在渔业部领导人的建议下,德国于1891年成立了赫耳果兰生物研究所,海因克担任第一任所长。他在这里用10年时间完成了《鲱鱼的生活史》一书的写作,奠定了至今还适用于所有经济鱼类调查方法的基础。接着,又与他人合作研究,发表了论文"鱼的浮游卵查定法"。后来,他被委任为德国海洋研究科学委员会第二任会长,为海洋渔业的学术研究建立了不朽的功勋。

22. 经典名著《海洋学》的作者是谁?

经典名著《海洋学》的作者是德国基尔大学海洋学教授克吕梅尔(1854—1912年)。克吕梅尔青年时代先后在莱比锡、格廷根、柏林各大学学习,1896年被聘为基尔大学教授。他本来是研究地理学的,后来转到海洋学方面。

1889年夏,他参加过亨森的"浮游生物探险"。英国的"挑战者"号和德国的"羚羊"号海洋探险对他影响很大。他为1899—

克吕梅尔(1854—1912年)

1911年国际海洋考察理事会的创建尽了很大的努力,也是主要创始人之一。1902—1908年,他参加了"波塞顿"号船的定线横断观测,查清了北海、波罗的海的海况。他的著作《海洋学》同后来的斯韦尔德鲁普的著作《海洋》一样,成为海洋研究的经典名著。

23. 你知道日本海流调查的创始人吗?

在100多年前的日本,有一位为了气象研究远赴法国留学的学者,他就是日本海流调查的创始人和田雄治(1859—1916年)。当他参观了万国展览会上各国展出的调查船、测量仪器和调查成果时,深有感触,认识到日本必须加快发展海洋研究。1891年回国后不久,他目睹了在寒冷的北海道近海拾到生长在热带的椰子的事实,使他对沿岸海流产生了浓厚的兴趣,认为这可能与南洋海流有密切关系,更坚定了他调查日本沿岸海流的决心。1893年日本成立水产调查会后,他立即提出用海流瓶进行日本近海的海流调查。在1913—1917年间,在他的主持下,向日本近海投放了13357个海流瓶,回收到2990个,并整理了调查成果。和田雄治去世后,由熊田头四郎将这些成果汇编成《日本环海海流调查业绩》一书,于1922年出版。

除研究海流外,和田雄治还从1882—1901年,收集整理了20年间的航海日志所记录的表面水温资料,按经纬度方格进行了统计,绘制成《西北太平洋历年水温月分布图》,用法文发表在中央气象台欧文报告上。

24. 你知道美国女海洋动物学家拉思本吗?

多年以来,对海洋的探索研究几乎是男性的专利,无论是探险、航海还是考察研究,很难见到女性的身影。但是美国女性拉思本却首开女性进行海洋研究的先河。

拉思本(1860—1943年)是以奠定甲壳纲的分类学基础知识而闻名的一位美国女海洋动物学家。她1886年起到华盛顿国家博物馆海洋无脊椎动物部工作达53年之久。从1891年起,她开始撰写关于甲壳纲动物区系的科学论文,先后共发表158篇,大多是分类学著作,内容涉及近代和古代海洋动物。她的名作是有关方蟹科、蜘蛛蟹科、黄道蟹科和尖口蟹科研究等4部专题著作。

25. 南森北极科学探险的辉煌成就是什么?

人类历史上第一次乘雪橇横穿格陵兰岛的人是挪威

海洋科教

海洋学家南森。

南森(1861—1930年)是挪威著名海洋学家。1889年5月，他率探险队乘雪橇用一年的时间，横穿格陵兰岛。回国后不久，他就着手制订北极探险计划，并精心设计制造出一艘能在浮冰挤压时浮出冰上的船，起名为"前进"号。

南森(1861—1930年)

1893年6月24日，南森率领由12人组成的探险队，带着够用5年的食品和燃料，乘"前进"号从奥斯陆出发，开始了他艰苦的北极漂流计划。"前进"号绕过挪威北端，经巴伦支海入喀拉海，到9月25日，"前进"号按计划被浮冰挤到冰上，于是他们和浮冰一起开始了长期的漂流。此间，队员们分别负责气象、海冰、生物、海洋和磁力的观测。18个月后，"前进"号漂流到距北极点320海里处。遗憾的是，浮冰不再向北漂移。于是，南森决定探险队留在原地，他和约翰森乘狗拉雪橇挺进北极点。1895年4月8日，二人到达距北极点224海里处，被巨大的冰山挡住去路，只好在冰丘和溶冰间迂回，终于在8月7日登上法兰士约瑟夫地群岛。由于当时环境恶劣，他们不得不暂时停止前进，过着住洞穴、猎食海兽的原始人生活，以便开春后去寻找"前进"号。

1896年6月17日，南森和约翰森正准备起程时，被英国派往北极寻找南森探险队的杰克逊发现，上了杰克逊的船,后乘"温德华"号于1897年3月13日回到挪威。至于"前进"号,在用炸药炸开冰群后,于同年同月20日也回到挪威,从而宣告这次北极漂流探险的结束。

这次漂流探险,虽然未能到达北极点,却达到了科学探险的目的,取得了辉煌的成就。一是通过水深测量发现了一个大海盆,即南森海盆;二是发现深海海域,当风引起海流时,风向与表层流的方向不一致,海流较风向偏右30度～40度;三是发现北冰洋表层水温接近0℃,而水深在240米～670米之间水温却达1.7℃。

1902年,由南森撰写的《挪威人的北极探险》问世了。至今,该书仍是认识北冰洋的基础。此外,南森发明的颠倒海水采水器,至今仍得到世界广泛的应用。

26. 谁是前苏联水产海洋学研究的创始者?

克尼波维奇(1862—1939年)出生于斯维亚堡的一个军医家庭里。1885年毕业于彼得堡理科大学,1887年就开始从事白海的海洋生物的研究工作。沙皇政府专政时期,他曾受到不公正的待遇。

1917年"十月革命"胜利后,克尼波维奇被任命为彼得堡医学研究所动物学教授和普通生物学教授。但他仍然热心于收集整理海洋生物学方面的调查资料,出版了里海调查的水文报告。报告中他第一次用科学的方法计算出里海的渔业生产力,并提出了保护鱼苗、限制捕捞等发展渔业的方案。

后来,他又先后领导并亲自参加了亚速海和黑海考察,并对巴伦支海进行了大规模的调查工作。晚年,他写了许多论述伏尔加河、顿河的大规模土木工程对里海、亚速海渔业的影响的文章。为了有助于今后渔业的发展,他将积累50年的研究成果写成了《海洋和半咸水域的水文研究》一书,这是前苏联科学史上极有价值的著作之一,因此,他成为前苏联水产海洋学当之无愧的创始者。

27. 谁是现代气象学之父?

皮耶克尼斯(1862—1951年)是挪威气象学家、物理学家,近代天气学和大气动力学的主要创始人之一,气象学挪威学派的创始人。他1862年生于挪威克里斯蒂安尼亚(今奥斯陆),其父卡尔·皮耶克尼斯是位流体动力学家。在少年时代,皮耶克尼斯就协助父亲做实验以验证流体动力学的理论预测是否正确。

1890年,皮耶克尼斯毕业于克里斯蒂安尼亚大学,后入德国波恩大学随赫兹从事电磁共振研究,1895年任斯德哥尔摩大学应用力学、数学物理学教授。1897年,他提出了著名的环流理论,这是将物理学引入地球物理学研究大气运动的开端。1904年,他用力学和物理学的观点,制定了研究天气预报问题的计划。1905年赴美国哥伦比亚大学和华盛顿市讲学,同年起兼任华盛顿卡内基学会(研究所)特约研究员达40年。1907年回挪威,在克里斯蒂安尼亚大学任教授。1910年又在天气图上绘制流线,并分析辐合、辐散

皮耶克尼斯(1862—1951年)

区。1912年,他到德国莱比锡大学任地球物理学教授,并组建和领导莱比锡地球物理研究所。1913年至1917年间他发现大气不连续面,并概括为冷锋、暖锋和锢囚锋等不同类型,提出气旋的极锋学说,创立了气旋的现代模式,形成了气象学的挪威(卑尔根)学派。他1917年重返挪威,建立卑尔根地球物理研究所,扩建气象观测网,成立天气分析预报中心。1921年,他根据理论和观测事实,提出了著名的大气环流图案,1926年起任奥斯陆大学教授。他1932年退休,并获英国皇家气象学会西蒙斯纪念金质奖章。

皮耶克尼斯的二儿子雅各布子承父业,也成为世界著名的气象学家。20世纪60年代,雅各布指出了沃克的南方涛动与厄尔尼诺之间的联系机制,组成了一个大尺度海气相互作用的框架,开辟了一个崭新的研究领域。

28. 你知道法国著名海洋探险家沙尔科的故事吗?

沙尔科(1867—1936年)自学成医,但喜欢海洋,是一位著名的海洋探险家和极地探险家。

他具有丰富的冰海航行经验。他36岁时就率探险队到南极洲格雷厄姆地和别林斯高晋海进行科学考察。1905年回国后,在各方面的援助下,他建造了"帕斯"号考察船,于1908年乘该船去南大洋考察,并在南纬70度处越冬。1912—1914年间,他先后到过大西洋、比斯开湾、英吉利海进行科学考察。第一次世界大战期间,他应征入伍,作为一名船长立下了战功,还获得过勋章。

1920年,喜欢科学探险的沙尔科再次投入海洋考察事业。第二年他在罗卡尔登陆,进行海洋地质调查。之后,他进行地中海考察。1925年,他对法罗群岛、冰岛、扬马延岛、格陵兰岛等进行了海洋考察,为法国的海洋考察研究作出了极大的贡献。

奇妙的海洋世界

就当时的条件而言,去极地考察的难度是可想而知的,但这丝毫没有对沙尔科的极地之行造成威胁。对极地的向往,使他几乎每年都要去极地海域考察。1928年阿家森遇难失踪后,他还参加了搜查队的搜查营救工作。

沙尔科,不仅为法国的海洋考察作出了极大的贡献,同时还是一位细菌学专家,在地理学和医学上的造诣也很深,所以被推荐为法国科学院院士。他在古稀之年去北极海域探险时,因航船遇难,为海洋考察献出了宝贵的生命。

29. 你知道养殖渔业的开拓者加斯汤吗?

加斯汤(1868—1949年)生于英国布莱克本的医生家庭。在牛津大学动物系毕业后,就成为普利茅斯临海实验所的第一任所长助理,当时曾发表过《英吉利海峡近海表层流》、《鲐的种族与洄游》、《英吉利海峡浮游生物与海况》等论文。1901年,他作为英国代表出席了国际海洋考察理事会第一次会议,在会上结识了挪威著名水产资源学家约尔特,并结成终生的亲密朋友。

为了努力发展海洋养殖业,加斯汤曾率先采取放流有标记的比目鱼的方法,用来进行移植繁殖实验。当英国国立水产研究所宣布成立后,年近34岁的他就担任起所长的重任,是一位名副其实的养殖渔业的开拓者。

30. 谁是水产资源学的鼻祖?

约尔特(1869—1948年)生于挪威,为继承父业,他先在瑞典隆德大学学医,后改变志愿到赫尔特威赫学习动物学,并在那不勒斯临海动物研究所开始了海产动物的研究工作。回国后,他开始从事水产基础科学的研究。1896年,他出版了《挪威渔业的水文生物学研究》。1900年,他在挪威的卑尔根创建了国立水产试验场。

1900—1909年,约尔特出版了与他人合著的《挪威渔业和海洋调查报告》一书。由于他对挪威占有重要地位的鲱鱼进行了认真的调查研究,于1914年发表《大渔业的变化》一书,成为水产资源学上划时代的文献。他一向关心水产生物对环境的反应,进行整个大西洋的调查研究

约尔特(1869—1948年)

是他的宿愿。1909年默里的"萨尔斯"号调查船协助他,对北大西洋进行了考察,本次考察的研究成果收入他们合著的《海洋深处》一书。

约尔特认为要彻底了解鱼的生活史,必须进行国际合作。1890年,他开始与丹麦的彼得松、瑞典的埃克曼等海洋科学家商议,于1902年创立了国际海洋考察理事会,并成为该组织的领导之一。自理事会创建,他一直担任挪威代表,任副会长、会长之职多年,发挥了卓越的领导才能。他被公认为水产资源学的鼻祖。

约尔特除了在水产资源方面对人类作出卓越贡献外,对哲学和社会学也十分爱好,先后出版了一系列有关哲学的书籍,如《科学的统一》、《皇帝的新装》、《个人的文艺复兴》等。

31. 为什么说克努森对国际海洋学作出了伟大贡献?

克努森(1871—1949年)出生于丹麦的一个农民家庭,在丹麦哥本哈根大学物理系毕业后留校任助教,后任讲师、教授、学士院会员。24岁时,他作为水文学家参加了丹麦的"因戈尔夫"号的海洋探险(1895—1896年)。在这次探险考察中,他研究出测定海水中的物质含量的氯度滴定法,使他初露锋芒。为了迅速而准确地测定一定容量的海水中的物质成分,他设计制作了"克努森吸管和滴定管",他还改进了颠倒温度计的构造,设计并制造了分析海水溶解气体含量用的新仪器。

1899年,在斯德哥尔摩国际会议上,他向国际海洋学界建议使用硝酸银溶液配制的标准海水。这种标准海水稍加改良后,至今仍被世界各国海洋研究单位广泛应用。

克努森不到30岁时发表了在沿岸海洋学方面著名的克努森定律和关于波罗的海与北海之间的海水交换,以及根据盐度测定值求流速的公式。1901年,克努森发表的《水文常用表》,在根据海水盐度、氯度和密度的关系式进行互相换算方面起了积极的作用,成了海洋研究者的宝典。第二年,国际海洋考察理事会成立后,他来到其下设的中央研究所负责标准海水的配制工作,并利用与纯原子量银的关系为氯度下了定义。他还从事《水文要报》的编辑工作,在大学工厂里试制了大量新式的海洋仪器,编写了几种物理学教科书,担任国际物理海洋学协会会长和国际海洋考察理事会副会长等职,成为当时国际海洋研究活动的核心人物之一,为国际海洋学作出了伟大的贡献。

克努森(1871—1949年)

32. 你知道近代海流学的开拓者埃克曼吗?

在近代的海洋科学领域,瑞典海洋物理学家埃克曼(1874—1954年)称得上是海流学的开拓者。

埃克曼在乌普萨拉大学做研究生时,就能解释地球自转对风生海流的影响,不到30岁就研制出了埃克曼海流计,还导出了一个海水平均压缩率的经验公式,该公式至今还用于测定受流体静压力压缩的深层海水的密度。1910—1939年,他研究了海流的动力学问题并发表了风生海流,包括海岸和海底地形效应的理论,以及湾流的动力学理论。他试图解决关于海流湍流的复杂问题,并取得了一些成果。1922—1929年,他通过在锚定船上收集的数据,改进了测量海流的技术。1930年夏天,他在北大西洋信风带的许多测站上,测量了各层的平均海流,并根据数据分析结果,发现其中有周期性变化和不规则变化的特性。

埃克曼的名字今天仍被用在一些科技术语上,如埃克曼层,表示海洋的分层和大气—海面、大气—地面间的大气分层,以及海陆间的界面;埃克曼螺旋,用于上述各层的风或海流的速度分布;埃克曼传输,则用于风力生成的水传输现象,还有埃克曼漂流和埃克曼深度等。这些事实,充分证明了埃克曼在海流等方面为海洋科学所作出的不朽贡献。

埃克曼(1874—1954年)

33. 谁是鳗鱼故乡的探寻者?

鳗鱼具有很高的营养价值,被称为海洋中的"软黄金"。现今研究鳗鱼的学者不少,但要说研究鳗鱼的先驱,还应属丹麦人施密特。

施密特(1877—1933年)是一位终生研究鳗鱼的学者。他出生于丹麦,在哥本哈根大学学植物学。1900—1904年到冰岛、法罗群岛的调查中,他在法罗群岛西岸意外地发现鳗鱼苗,这一发现便成了他一生研究鳗鱼的起点。从1905年起,他正式开始探索鳗鱼的鱼苗和产卵场。他先在大西洋暖水域的法罗群岛至冰岛一带认真地进行了拖网调查,并在大西洋赫布里底群岛和西班牙之间采集到大量的鳗鱼苗。1906年6月,他在爱尔兰西南近海也采集到大量鳗鱼苗,但这些鱼苗已经成长得相当大。出乎意料的是,他在地中海东部没有捕到鳗鱼苗,这就否定了过去提出的鳗鱼在地中海产卵的说法。施密特在调查研究中发现,大西洋越往西行鱼苗越多,而且形态也越小。因此,他决定去远离欧洲的西方探寻鳗鱼的故乡。施密特从1906年起,先后花了16年的时间,付出了千辛万苦,历经种种磨难,终于在1920年4月乘"达纳1"号在马尾藻海采到体长10毫米~20毫米的鳗鱼苗。1921年春,他又乘"达纳1"号在这里调查了两个月,取得了珍贵的初生鱼苗标本。于是,他总结了1904—1921年长期调查的结果,写成论文发表,得到全世界的好评。文中明确指出,马尾藻海是欧洲鳗鱼和美洲鳗鱼的故乡,同时,也是它们的基地。此外,他还证明了鳗鱼苗是随墨西哥流漂游2—3年,经过长途旅行逐渐成长,最终到达沿岸,进入河川溯游的整个过程。1921—1922年,1928—1930年,为了弄清世界鳗鱼的生活史,他又两次乘船调查了大西洋、印度洋和太平洋,发现印度鳗鱼的故乡在苏门答腊岛西部近海。回国后,他将收集的标本加以整理总结,并陆续写成长达 29 卷的报告,成为世界鳗鱼研究史上珍贵的资料文献,施密特也以"鳗鱼故乡的探寻者"而闻名于世。

34. 你了解伟大的海洋探险家贝比吗？

贝比(1877—1962 年)出生于纽约市布鲁克林。高中时,贝比成绩非常优秀,1896 年,他作为"特招生"进入了哥伦比亚大学学习。

1899 年,贝比被他的指导老师推荐为动物园鸟类馆的助理馆长。1902 年,他成为鸟类馆的馆长。接下来的 20 年中,贝比作为一个探险家和生物学家而闻名于世。他领导了多次探险,足迹遍及南美、亚洲和世界许多地方。

20 世纪 20 年代后期,贝比的注意力从陆地转到了海洋。1929 年,他与巴顿合作,设计并制造了深海潜水球。

贝比(1877—1962 年)

1930 年 6 月 6 日,贝比和巴顿完成了第一次载人潜水球探险,并到达 244 米的深度。6 月 11 日又到达 435 米的深度。1930—1934 年期间,贝比和巴顿共进行了 16 次深海潜水。每次从潜水球的小窗口中看到各种奇异美丽的深海生物时,贝比都感到特别兴奋。1934 年,贝比和巴顿在百慕大群岛创造了新的潜水记录:923 米。在 3028 英尺的水下,贝比觉得世界看起来就像火星一样奇怪。

20世纪30年代后期,贝比开始从事浅海中海洋生物的研究工作,戴着头盔在水下观察加利福尼亚和中美洲太平洋沿岸一带浅海区域的海洋生物。1950年,贝比在特立尼达岛建立了西姆拉研究站。1952年7月29日,贝比从动物学协会退休。此后的10年,他都在西姆拉度过。贝比喜欢社交,有各种各样的朋友,其中就有美国第26届总统罗斯福、英国乔治王子等著名人物。

1962年6月4日,贝比在百慕大因肺炎去世。他一生中共创作了24部著作,以及800余篇自然历史方面的文章。在2007年《生活科学》网评出的世界十大最勇敢的探险家中,贝比位列第五名。

35. 你知道近代海流力学的开拓者汉森吗?

汉森(1877—1975年)是海洋物理学的伟大先驱、近代海流力学的开拓者。

汉森出生于挪威奥斯陆,大学时学医,后弃医转向海洋学研究。1900年,23岁的他作为南森的助手参加了挪威海考察。1903年,他根据"环流定理"推导出著名的"海流力学计算法",被世界海洋科技工作者广泛地采用。1909年,他与南森共同发表了《挪威海》一书。为了开展广泛的海洋调查,他自行设计并建造了一艘长32米的"A·汉森"号调查船。随后,他把调查范围从北大西洋、地中海、挪威近海一直扩大到斯匹次卑尔根群岛一带,直到1958年建造出新调查船"B·H·汉森"号为止。

在汉森的建议下,1917年卑尔根博物馆新建了地球物理研究所,还成立了挪威国家地球物理委员会和挪威国家地球物理协会。他在1917年和1927年分别出版了与南森合著的《北大西洋和大气中的温度变化》、《东部北大西洋》等著作。1934年出版的汉森撰写的《松内湾的剖面》一书中,记载了南森去世前提出的设想。他还与埃克曼合作进行了锚定船的测流实验。由于汉森的努力,1930年在卑尔根建立了克里斯蒂安·迈克尔逊研究所。汉森是一位伟大的学者,他为世界海洋科学的发展创立了辉煌的业绩。同时,他又是一位远见卓识、极具魅力的科学和社会工作者。

36. 美国伍兹霍尔海洋研究所是谁创立的?

美国伍兹霍尔海洋研究所是世界上实力雄厚、极具影响力的海洋科研机构,他的创始人是比奇洛。

比奇洛是伍兹霍尔海洋研究所的第一任所长,同时也是一位写作时间最长的科学家。

比奇洛(1879—1967年)生于波士顿,毕业于哈佛大学,27岁时获得哈佛大学博士学位。1906年到比较动物博物馆从事水母的记录和分类工作。31岁那年发表了关于热带东太平洋水母的研究报告,1911年发表了关于管水母的研究报告,这两份报告成为海洋水产方面具有权威性的经典著作。1912年,他开始了

比奇洛(1879—1967年)

墨西哥湾流海产动物取样和缅因湾46个测点历时一年的调查。1922—1927年,他从渔船上放出1500个测流瓶,调查缅因湾逆时针方面的环流,同年,进行海流力学的计算。他多年的研究成果分别是《鱼类》、《浮游生物》和《海况》三本著作。1930年1月,根据比奇洛给美国科学院的报告,创建了伍兹霍尔海洋研究所,比奇洛并任第一任所长。1927年以后,他与人合作,系统地进行了北大西洋的鱼类系统学的研究,并出版了《西北大西洋鱼类》一书。比奇洛从1901年开始写论文,直到1967年为止,创立了写作67年之久的世界记录。

37. 声学鱼群探测器的发明者是谁?

声学鱼群探测器在海洋捕捞业中发挥着重要的作用,它的发明者就是桑德。

桑德(1883—1943年)是挪威人,曾研究过鲭鱼的生物学,并考察过鳕鱼。1928年,他明确指出,海水中的磷酸盐和硝酸盐起源于深层水,而不是起源于河川。1935年,他以挪威渔业研究的实践为基础,最早证实回声测深仪可以当作鱼群探测器来使用,利用这种探测器可以探明鱼群所在。正因为这一发现对世界捕捞业的重要贡献,他被称为世界声学鱼群探测器的开创者。此外,他还制造了捕捞鲱鱼的沉降网。他对地理学也很感兴趣,调查了挪威沿岸,编制了包括1.2万个峡湾、海湾、岛屿和海角的地名录。更令人佩服的是,他还是一名罕见的绘制精密地图的专家。遗憾的是,在第二次世界大战期间,他在乘船从北挪威返航时,因船触礁沉没而不幸身亡。

38. 谁是日本潮汐学的创始人?

小仓伸吉是日本一位兴趣广泛的学者。他爱好天文学、海洋学,同时,还是一位登山爱好者,是登山会会长。他可是一位真正爱天、爱海、爱山的学者。

小仓伸吉(1884—1936 年)出生于日本仙台,1908 年毕业于东京帝国大学天文学专业,1911 年任讲师,同时兼任水路部的潮汐、潮流的调查工作。此后,他作为水路部工程师长达 27 年,一直专心致志地从事海洋物理学的研究。1914 年出版的《日本近海的潮汐》一书,是小仓最早的海洋研究成果。此外,他还出版了许多的科普作品,如《潮的道理》(1914 年)、《航用潮汐学概论》(1930 年)、《潮汐》(1934 年)、《潮汐知识》(1930 年)等。他不间断地

海洋观测

以东海、渤海、黄海、鄂霍次克海为中心,进行实测,付出了无数艰辛,先后进行多次的实地观察与测量,根据新的动力学数值计算法进行潮汐研究。正当他大有作为的年代,不幸因病于 1936 年 11 月 5 日突然去世,卒年 53 岁。由于他是日本第一位对海洋潮汐进行全面、系统研究并成果显著的学者,因此,他被称为日本潮汐学的创始人。

39. 你知道德国著名海洋物理学家德范特吗？

德范特（1884—1974年）出生于奥地利，1905年到维也纳中央气象台工作，1909年任因斯布鲁克大学教授，讲授海洋气象学。1928年任柏林大学教授，担任海洋博物馆馆长。他的名著《海洋力学》于1928年出版。该书指出，世界的海洋与大气一样具有平流层和对流层。1932年他又补充了地球自转偏心力的影响，完整地提出了两层间的自由内波和强制内波的理

德范特（1884—1974年）

论，发展了大西洋潮汐研究，从而获得了美国科学院阿加西斯金质奖章。后来，他到了美国，在那里总结了以往的调查研究成果，用英文发表了两卷本的巨著《海洋物理学》（1961年）。

40. 祖鲍夫对海洋学的突出贡献是什么？

祖鲍夫（1885—1960年）出生于伊兹马伊市。他1910年毕业于海军学院，1937年获得博士学位，1932年创立莫斯科水文气象学院海洋学教研室，1945年被授予海军少将军衔。世界著名的莫斯科大学地理系海洋学教研室也由他于1953年创建。他领导过"H·克尼波维奇"号调查船和"萨得柯"号破冰船的考察探险活动，从事海冰和海洋观测资料的动力学方法、海水混合增密的计算方法等研究，是最先提出和研究北极海冰冰情预报的学

者之一，先后研究出处理海洋观测资料的动力学方法和海水混合时增密的计算方法，总结出流冰沿等压线漂移的规律，第一次提出根据海洋学特征划分海峡类型，按地貌特征划分世界大洋和根据运动方程对海流进行分类的建议，他还为海水垂直环流和海洋中层冷水发生的学说奠定了基础。他的主要著作有《处理海洋观测值的动力学方法》(1935年)、《海水和海冰》(1938年)、《北极的冰》(1945年)、《海水混合增密的计算》(1958年)等。他不仅是前苏联著名的海洋学家，对世界海洋科学的贡献也是不容忽视的。

41. 你知道英国生物化学家哈维吗？

在世界海洋科学界的历史上，为了实现海上科学考察的心愿而自己出资，并设计建造调查船的实例并不少见，哈维就是其中之一。哈维(1887—1970年)生于伦敦，毕业于英国剑桥大学，后来，在普利茅斯生物研究所工作。1921年乘调查船去英吉利海峡从事海洋物理、化学和生产力的调查。他亲自设计制造的小型调查船"钩虾"号，一直使用了46年。他的《海洋生物学的化学和物理》一书，是经典名著之一。他十分关心河川、河口水域的污染问题，为建立水污染研究厅打下了基础。1933年，他发表了著名的研究

论文《硅藻生长速度》;1935年,与他人合著的《浮游生物生产及其管理》一书,受到很高评价。第二次世界大战后,他重新回到化学方法论的研究方面,重点放在植物生长需要的重要元素的分析上。1945年,他又出版了《海水的化学和生产力》,并被翻译成多种文字,对海洋化学和生产力的研究作出了很大贡献。1945年,他被选为英国皇家学会成员,1953年获美国科学院授予的阿加西斯奖。他还是一位出色的木刻家、家具制造者、机械师和艺术家。

42. 为什么称彼得松是深海物理研究新时代的开拓者?

彼得松(1888—1963年)是国际海洋考察理事会的创始人老彼得松之子。从第一次世界大战初期,他就开始热心于扩大海洋学范围的研究,积极探索深海之谜,并热衷于向海洋研究领域引进最新的物理学方法,这种方法与过去的依靠收集水温、盐度的测定数值来进行的海洋研究不同。在英国,他专心研究放射能,对乔利在深海沉积泥中发现高含量镭甚感兴趣,后来,在维也纳镭研究所工作数年,继续深入进行他的放射性研究。20世纪30年代初期,他任瑞典哥德堡大学教授时,就为创建海洋研究所四处奔波,在他的不懈努力下,1937年建成了一所面向开发新技术的高度专业化的海洋研究所。在1947—1948年的"信天翁"号深海考察中,他引进许多独创的设想和方法。他首创了利用放射性元素进行地球化学研究,开辟了深海沉积物的精密地史学,接着,又与人一起完成了海中光量的测定。他强调连续回声测深的必要性和将声反射法用于调查海底构造。他还最早指出,海底热流的研究将会成为解释深海床下地球物理学过程的手段。晚年的他仍埋头于海洋沉积物中的宇宙尘研究。他还是最富有才能的科普读物的作者,其中《向西去》、《深海底》等被人所共知。鉴于彼得松在利用新技术对深海研究中所作的重大贡献,人们尊敬地把他称为深海物理研究新时代的开拓者。

43. 斯韦尔德鲁普是现代海洋物理和海洋气象学巨匠吗?

现代海洋学研究领域中一直传颂着一个响亮的名字——斯韦尔德鲁普。他的不朽名著《海洋》曾被誉为海洋学家的"圣典"。他在挪威地球物理学会成立40周年的庆祝大会上做了题为"风应力对极地冰的影响"的讲演后不久就逝世了,享年69岁。他的离世,全世界为之惋惜。

斯韦尔德鲁普(1888—1957年)出生于挪威,1917年获奥斯陆大学博士学位。此时,他与海塞堡合著的《海中水压与质量分布计算》一书,在全世界范围内被广泛使用。1918—1925年他参加了阿蒙森率领的"莫德"号的北极海探险。回国后,担任了阜尔根地球物理研究所教授,专心致志地分析"莫德"号的观测资料,并亲自执笔完成了探

斯韦尔德鲁普(1888—1957年)

险报告的 5 卷的大部分。

为了整理探险队取得的磁力观测资料,他访问了美国的卡内基研究所。回国后,他将"莫德"号的探险结果编成 2000 多页的巨著,于 1933 年出版。该巨著内容极其广泛,书中解决了地磁、大气电、极光的问题,还包括从潮汐及其理论、海流、水团、极地气象、海水、冰的风海漂流、海洋地质、重力、天体观测到动物学等诸多学科的资料。大家对他能够以惊人的毅力总结归纳出这么多的宝贵资料十分敬佩。他根据"卡内基"号在太平洋 7 次航海的资料,弄清了太平洋的海洋学问题,并利用英国"发现"号的资料研究了南大洋问题,调查了威德尔海海冰的漂流状况,还研究了再次发现的 1897 年安德烈悲剧性的北极探险中所取得的气球飞行资料。他的巨著《海洋,及其物理学、化学和一般生物学》,反映了他的非凡记忆力和他掌握的有关海洋学方面极其丰富的综合性知识。同年,他还出版了《气象学家的海洋学》。这两部书作为军用教科书,发挥了极大的作用。他于 1936 年任美国加利福尼亚大学斯克里普斯海洋研究所所长,在任 12 年里,先后培养了大批海洋科学家。

1948 年,他回到挪威时已经 61 岁了,但他仍担任挪威、英国、瑞典三国联合南极探险队队长到南极洲进行历时 3 年的考察。多年来,他热心于国际性学术活动,历任国际海洋物理协会会长、国际海洋考察理事会会长等要职,是一位真正的建立现代海洋物理学和海洋气象学的巨匠。

44. 你知道美国海洋生物学家雷德菲尔德吗？

雷德菲尔德（1890—1974年）是美国海洋生物学家。他在美国哈佛大学度过了近30年，先是学生，后又当教师，再后来任生理系教授和系主任。1930年，他作为一名高级生物学家加入伍兹霍尔海洋研究所。他深深地认识到，不认识海洋本身，就不能认识海洋中的生物，因此，他的研究范围包括了海洋学问题的广阔领域，但重点还是研究海水的化学性质对生物新陈代谢过程的影响，对与浮游生物种群有关系的狭湾潮汐现象和环流形式也做过许多探讨。1924年以他为主编写的《海洋污损及其防护》一书，至今仍被认为是海洋污损问题的权威著作。1957年退休后，他还进行了两项研究，一项是"氘作为淡水和天然咸水示踪物的应用"，另一项是"盐沼地的历史及发展"。他曾经是伍兹霍尔海洋研究所副所长、海洋生物学实验室和百慕大生物研究站的受托管理人。他先后担任过美国自然资源委员会主席、生态学会主席、海洋与湖泊学会主席等要职。1956年获美国科学院阿加西斯勋章。

45. 汤普森在海洋化学方面的贡献是什么？

美国海洋化学家汤普森（1890—1961年）是华盛顿大学的教授。他16岁在黄铜公司实验所当助手时，便迈出了分析化学研究的第一步。他毕业于华盛顿大学研究生院，1918年获得博士学位，1930年时出任西雅图大学海洋研究所所长。他的最突出贡献还在于他仔细观测了海水中各种元素的离子浓度，并求出了离子浓度与氯度的比。

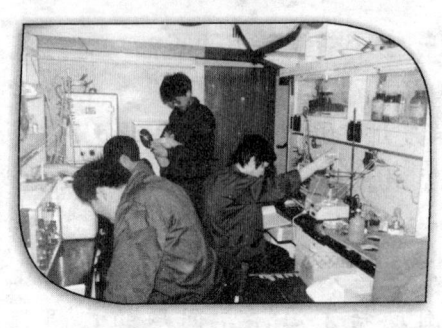

研究人员正在实验室工作

在 1930—1958 年间,他在探索海水中微量元素方面立下了不可磨灭的功劳。他在 70 岁高龄时,还发表了海洋学论文集。后来不幸中风,于 1961 年病故。

46. 你知道海气相互作用研究的先驱帕尔门吗?

帕尔门(1898—1985 年)是芬兰气象学家和海洋学家。他是一位法官的儿子,1898 年出生于芬兰的瓦萨,1922 年在芬兰开始了海洋方面的研究工作。由于在海洋和大气之间相互作用方面的研究工作而著名。第二次世界大战前,他长时间从事温带大气气旋和大气的一般结构方面的研究。战后,他在芝加哥大学与罗斯比教授一块儿从事研究工作。他是测定出上层对流层中急流存在的测量队队员,在大量的实测与数据分析的基础上,他首次提出了在每个半球有两个主要的急流存在,这些巨大的"风河"在 9100 米~12200 米的高空中吹流,对全球天气和空中航线具有重要的影响。他从 1939 年起任芬兰海洋研究所所长。由于他在海气相互作用研究方面的突出贡献,被公认为此方面研究的先驱,并于 1957 年获皇家气象学会西蒙斯勋章,1960 年获美国气象学会罗斯比勋章,1964 年获荷兰皇家科学院巴洛特勋章。

47. 气象学和海洋物理学的革新者是谁？

罗斯比(1898—1957年)生于瑞典，1917年入大学后，获得天文、数学、力学的学士称号。1926年，他取得瑞典、美国财团的奖学金去美国，为期一年，没想到这一去却成了20年。30岁时任麻省理工学院气象系教授兼主任。在那里，他对气团和大气湍流中热量交换的认识作出重大贡献，还探讨了海洋学，研究海流之间的关系及其对大气的影响。1939年时他任美国气象局局长助理，主管研究与教育工作，并开始研究大气环流。他在研究中，确认了高空西风带气流中的正弦长波的存在，即现在通称的"罗斯比波"，并提出了它们的运动理论。

罗斯比(1898—1957年)

他还以确认了急流的存在并提出急流特性的主要理论而闻名。他研究天气预报的数学模式，并引进罗斯比方程，在1950年实现了用该方程和先进的电子计算机结合来预报天气。他是一位真正的气象学和海洋物理学的革新者。令人们十分惋惜的是，他于1957年8月19日在斯德哥尔摩气象研究所因心脏病发作而突然去世，年仅59岁。在追悼罗斯比的纪念出版物《运动中的大气和海洋》

(1959年)一书中,收录了他的《气象学的各种问题》等遗著。

48. 首先揭开神秘海底构造的人是谁?

库尼恩(1902—1976年)出生于苏格兰的敦提,是一位荷兰海洋地质学家,并且是较早的实验地质学家之一。著有名著《海洋地质学》。他把毕生精力贡献于海洋地质学,尤其是珊瑚礁、海底峡谷和混浊流的研究方面,被公认是首先揭开神秘海底构造的人。

神秘莫测的海洋

从1929—1930年他作为"斯内卢斯"号的科研人员,开始对海洋感兴趣。他在珊瑚礁方面的研究成果,有力地支持了达尔文有关沉降对珊瑚环礁形成的影响问题的理论。他对海洋学的另一重要贡献,是他的实验才能,给戴利1936年提出的关于海底峡谷是由于冰期混浊流的侵蚀作用形成的理论提供了充分的证据。他的实验模拟显示出,不仅细粒粘土,就是粗砂也能被这些混浊流所输运。他认为,深海海底的砂石源于大陆架,是由混浊流输运的。他与戴利同时确信,这些混浊流的侵蚀力量足以解释海底峡谷的存在问题。库尼恩作为为数不多的早期实验地质学家,曾指导了盐丘、火山锥、地壳褶皱和其他构造与沉积构造的某些实验室研究,通过这些实验,大大提高了人们对神秘海底奇特构造形成过程的认识。

49. 日高孝次因什么而成名?

日高孝次(1903—1984年)出生于日本的宫崎县佐土原市。26岁毕业于东京帝国大学,同年就投身于日本中央气象台的物理海洋学研究工作,1942年任教授。在他的积极努力下,1962年创立了日本东京大学海洋研究所,他任所长。

日高孝次的毕生精力都献身于海洋事业,曾在"春风丸"调查船上参加海洋调查1000天以上。他于1971年用自己的私人财产为基金,创设了"日高海洋科学振兴财团",专门用于奖励优秀的海洋学者。他科学研究的主攻目标是物理海洋学研究,在黑潮流系研究、海流动力计算、海潮的振动与海流研究、涌升流的海洋力学研究等方面,都有重要的贡献,尤其是对风生海流理论的研究。他曾获日本帝国学士院奖、摩纳哥艾伯特一世纪念奖、日本海洋学会奖。其代表性著作有《海流》等。

50. 艾斯林对现代海洋学的贡献有多大?

艾斯林(1904—1973年)是一位知名的美国海洋学家。他出生于纽约州的新罗歇尔,25岁就担任哈佛大学比较动物学博物馆海洋学助理馆长的职位。1930年当伍兹霍尔海洋研究所创建时,他担任了该所第一艘海洋研究船"阿特兰蒂斯"号的船长。在后来的10年当中,他和"阿特兰蒂斯"号多次横跨大西洋,在大洋深度、水温和底样方面收集了许多极有价值的资料。虽然他自己的研究领域和发表的论文几乎全部与北大西洋和湾流系统有关,但他却是最早指出大气和海洋一起构成一台由太阳驱动的巨大而复杂的"热机"的学者之一。由于他在海洋学中杰出的贡献,和对伍兹霍尔海洋研究所的发展作出了重大贡献,使他得到了很多荣誉,因此,他被公认是对现代海洋学有重大影响的人物之一。

海洋调查船正在海上作业

51. 中国水声物理学的奠基人是谁?

汪德昭(1905—1998年)是中国知名的水声物理学家,中国水声物理学的奠基人。他出生于江苏灌云,1929年毕业于北京师范大学,1940年获巴黎大学科学博士学位。当时的他在大小离子平衡态研究方面就有所建树,曾与他人联合提出了被称之为"郎之万—汪德昭—布里加理论"。新中国成立后,面对中国水声技术的落后局面,他心急如焚,积极组织创建了中国科学院声学研究所,并对水声学研究和国防水声学研究作出了突出贡献,在声学诸多方面研究中取得了独创性的成果。他先后担任中国科学院声学研究所所长、中国科学院学部委员等职。

52. 最早探查大陆架地震的科学家是谁?

尤因(1906—1974 年)是美国拉蒙特地质研究所的创始人、所长,他就是最早开始探查大陆架地震的人。他很早就对海洋地球物理学感兴趣。在读研究生时,就曾到得克萨斯的赖特研究所,利用一个夏季,对南部路易斯安那州的浅湖和海湾的地下油田地震波进行了探索。1930 年到伍兹霍尔海洋研究所继续从事这项工作,发现了油田内的盐丘。

尤因 29 岁时被任命为利哈伊大学的物理学教授,并乘海岸和大地测量局的"海洋学家"号调查船出海调查,他本想利用水中爆炸声源进行实验,却因种种原因无法实现。接着,他到伍兹霍尔海

尤因(1906—1974 年)

洋研究所,于1936年乘"阿特兰蒂斯"号在近海进行人工地震波测定实验,测量了400米～500米深的沉积层的厚度。

1949年,在拉蒙特的资助下,尤因在哈得逊河畔建立了拉蒙特地质研究所,并担任第一任所长,继续他酷爱的研究工作。该研究所后来更名为拉蒙特-多尔蒂地质研究所。他是提出地震与大洋中央环绕全球的裂谷有关的地球物理学家之一。他认为海底扩张可能是全球范围的,并具有间歇发作的性质。1939年他拍摄了第一批深海照片,与人合著有《声音在大洋中的传播》《层状介质中的弹性波》和《大洋之底:北大西洋》等著作。尤因的历史性贡献得到了世界的公认,他先后接受了4个国家大学的名誉学位,获得过8个国家科学团体授予的26枚勋章和荣誉称号。

53. 你知道南大洋研究的开拓者迪肯吗?

迪肯爵士(1906—1984年)出生于英格兰德莱斯特,是英国海洋学家。他早年接受过伦敦皇家学院教育,21岁时就参加过"发现"号1927—1939年的南大洋考察,是较早而全面研究南大洋温度和盐度结构的海洋学家之一,被认为是南大洋研究的开拓者。其研究成果《"发现"号考察报告》分别在1933年和1937年出版。第二次世界大战期间,他从事水下声学和波浪的研究,当时,他的研究小组首先作出了海浪的波谱分析,并指明了波谱概念的重要性。他43岁时担任英格兰国家海洋研究所所长。这个研究所在提高人们对于海洋的认识方面作出了许多重要贡献。由于他在海洋科学研究中的突出贡献,因此先后获得极地勋章、阿加西斯金质奖、女王勋章、见记者勋章和苏格兰地理勋章。

54. 你知道中国著名物理海洋学家赫崇本吗?

赫崇本(1908—1985年)是中国著名物理海洋学家。他出生于辽宁省凤城,1932年毕业于清华大学,1943年赴美进修,1947年秋以《利用统计方法分析北美大气形成》的论文获得美国加州理工学院哲学博士学位,并于1948年起在斯克里普斯海洋研究所工作。

赫崇本(1908—1985年)

在新中国即将诞生之际,赫崇本于1949年春回国。回国后,他立即在国内海洋科技实力极其薄弱,海洋图书资料寥寥无几,仪器、装备相当陈旧,物理海洋学领域基本处于空白的情况下,开始了他的开创性研究工作。他首先根据国情的急需,从水团研究入手,率先对我国黄海重要渔业经济区水团的形成、性质、季节变化以及能达到的范围作了全面、系统的论述。他主持进行的我国浅海海域的海洋水文调查方法的系统研究,为我国后来进行的各种海洋调查方法的建立奠定了基础。他的一生在发展中国海洋科学事业,包括制订海洋规划、开展海洋综合调查、培养海洋科技人才、建立海洋机构等方面均有重要贡献。

作为国家科委海洋组副组长、中国海洋事业的决策者之一,赫崇本积极促进并参与领导1958年我国在近海海域首次进行的空前规模的全国海洋综合调查,向世界宣告了中国的海洋科学研究已经进入了新的时代。在他的倡导和支持下,20世纪60年代和70年代,在我国成功地进行了大规模的海洋仪器会战,加速了我国海洋研究仪器、技术实现系列化、标准化、自动化和现代化。他还极力支持和推动我国海洋研究机构的建立和发展,从国家海洋局的建立以及全国多部、委、局的海洋研究机构的相继建立中都倾注了他满腔热情的支持和指导。

作为山东大学(原山东海洋学院前身)物理海洋和海洋气象系第一任系主任,赫崇本首次在中国讲授综合性海洋学课程,并以极其严谨的治学态度指导年轻教师的教学和科研工作,为中国海洋教育事业的发展培养和锻炼了一批优秀的师资力量。他还曾负责中国自行设计制造的第一艘"东方红"号调查实习船的筹建工作,指导并参加了首次全国海洋普查工作,发表过有关水团研究与调查方法研究等方面的论文数篇。他不愧为中国海洋界一代宗师和海洋教育家。

55. 你知道墨西哥湾流研究先驱富格列斯特的故事吗?

富格列斯特(1909—)是美国科学院阿加西斯金质奖获得者,也是墨西哥湾流和涡研究的先驱。他生在纽约、长在华盛顿,1927年高中毕业后,他整天不是画画,就是拉小提琴。直到1940年,他参加了"阿特兰蒂斯"号的调查,使他与海建立了不可分割的联系。1941年春,他又一次出海调查,负责解读温深仪,因此得了个"BT"(温深仪)的绰号。第二次世界大战期间,美国海军要求每个军人都要会用温深仪,富格列斯特就当上了教师。同时,他不失时机地收集温深仪的资料,并按照不同地点,分别进行整理,还给海军绘制出潜艇用的详细的水温图。战后,富格列斯特开始了墨西哥湾流的研究,他想利用温深仪、劳兰和电磁海流计,进一步调查湾流的实际路径。1950年,在海军的帮助下,用4艘船同步进行观测,结果发现了湾流的蛇行流向和一个大涡旋。在1957—1958年国际地球物理年期间,他埋头于南大西洋观测及其全剖面图集的绘制工作。1959年,用3艘船又对墨西哥湾流进行了观测。1960年,在湾流的调查过程中,他成功地追踪了涡和涡环。通过多年的调查研究,最终查清了暖冷涡的活动及其形成与消失的原因。富格列斯特始终爱好美术和音乐。海洋物理学家蒙克说:"他是墨西哥湾流的传记作者,是一位才干超过科学家的艺术家。"

56. 你知道中国海藻学的奠基人曾呈奎吗?

曾呈奎(1909—2005年)出生于福建省厦门市灌口镇,1931年毕业于厦门大学植物系,先后在厦门大学、山东大学和岭南大学任教,1940年赴美进修,1942年获美国密执安大学科学博士学位,1943—1946年为美国加利福尼亚大学斯克里普斯海洋研究所副研究员。1946年回国后,历任山东大学植物学系主任,兼水产学系主任。新中国成立后,他先后任中国科学院海洋研究所副所长、所长。

曾呈奎(1909—2005年)

年轻时期的曾呈奎在美国时就已经展露出科学研究的天赋,他不仅主持斯克里普斯海洋研究所的琼胶研究项目,还为当时美国出版的化工百科全书撰写有关词条。他是中国海洋科学的先驱者之一、中国海藻学的奠基人。他对我国渤海、南北黄海、东海和南海的广大水域进行调查并基本搞清了中国海域底栖藻类的种类、分布和区系特点,建立了一个新科、几个新属、上百个新种;从光合色素的特点,阐明了藻类进化的途径,提出了藻类系统发育的新论点和新的分类系统,为编写我国海藻志提供了基础资料。编著有《中国经济海藻志》(1962年)、《中国常见海藻》(英文版,1983年)等。他于1953年就完成了从马尾藻中提取褐藻胶的实验,并于1956年在我国建立了第一个褐藻胶生产车间,从而积极推动了国内的"琼胶"、"褐藻胶"的研究和生产,为我国开创了新型的海藻化工工业。同时,他积极倡导中国海洋水产生产农牧化的试验,是中国海带、紫菜人工栽培研究的组织者和参加者,创造了海带夏苗低温培育法、切梢增产法、陶罐施肥法等,推动了中国沿海紫菜和海带养殖业的蓬勃发展,编著有《海带养殖学》(1962年)等。曾呈奎是一位潜心著述的海洋科学家,60多年里共发表学术论文240多篇,专著13部。他参加筹建和领导中国科学院海洋研究所的工作,使该所成为中国海洋科学研究的重要基地。他还参加制订并组织实施中国海洋科学研究发展规划,为开拓和发展中国海洋科学事业作出了重要贡献。

57. 你知道板块构造论的杰出贡献者威尔逊吗?

威尔逊(1908—1993年),加拿大地球物理学家和地质学家,因对板块构造理论的贡献而在全世界享有声誉。威尔逊是加拿大勋章获得者,大英帝国勋章获得者。

威尔逊生于一个苏格兰移民家庭。他是加拿大第一个修过地球物理学大学课程的大学生。1930年,威尔逊毕业于多伦多大学的三一学院,之后,他在剑桥大学圣约翰学院获得了几个其他的相关学位,1936年获得普林斯顿大学地质学博士学位。尔后,威尔逊进入加拿大陆军,并在第二次世界大战期间一直服役,最后他以陆军上校军衔退伍。

威尔逊(1908—1993年)

板块构造论认为,地球的岩石圈是破碎成许多板块的,这些板块在较软的软流圈上各自运动。威尔逊指出,夏威夷群岛的形成就和板块运动有关,当涵盖了太平洋大部分面积的太平洋板块以缓慢速度向西北方漂过一个位置固定的热点时,这个热点便形成一系列火山,突出水面的部分就是夏威夷群岛。他还提出了转换断层的概念,这是指两个板块彼此之间发生水平运动时形成的断层(如圣安德烈斯断层),转换断层可以构成三种主要板块边界之一的转换边界。1973年,他提出了威尔逊旋回的假说,这是指海底周期性地扩张和消减的过程。后来这个概念被进一步扩充为超大陆旋回假说。

1969年和1974年,威尔逊先后两次被授予加拿大勋章;1978年,威尔逊被伦敦地质学会授予沃拉斯顿奖;他是加拿大皇家学会和英国皇家学会的会员;他还曾经做过电视系列片《人类行星》的主持人。

为了纪念威尔逊,加拿大一座年轻的海底火山用他的名字命名;加拿大地质联合会用以他的名字命名的"图佐·威尔逊奖"授予在地球物理学界取得成就的学者。

58. 中国最早系统研究黑潮的海洋学家是谁?

朱祖佑(1909—　)出生于浙江省海宁,1933年毕业于山东大学,后赴法、美进修,获华盛顿大学博士学位。1935年回国后,他主要从事台湾邻近海域的黑潮研究,参加过国际印度洋考察、黑潮及邻近水域合作调查,率"九连"号调查船在邻近中国的南海和西太平洋进行调查,是中国最早系统调查研究黑潮的学者。对台湾东岸黑潮的水文、流速结构、流量变动及其与水位变化关系进行了系统深入的工作,从海洋动力学、生态系统观点研究台湾附近海域,发现一些冷水团和上升流现象,对通过巴士海峡的黑潮水与南海水的交换过程以及南海海盆中冷水来源的研究也有重要贡献。发表过有关黑潮研究的论文 30 多篇。

59. 你知道富有管理才干的海洋学家雷维尔吗？

雷维尔（1909—1991 年）是美国海洋学家,出生于美国华盛顿州的西雅图。他 27 岁时已获得加利福尼亚大学海洋学博士学位,并投身于斯克里普斯海洋研究所的研究工作。第二次世界大战期间,他作为一名美国海军军官,受命组织进行有关比基尼环礁上原子弹爆炸前后的海洋学调查工作,为原子弹海上爆炸试验提供了十分重要的数据资料。在 1951—1964 年期间,他担任斯克里普斯海洋研究所所长,亲自组织并参加了多次海洋考察,特别是对太平洋的考察。他被公认是富有管理才干的海洋学家。他的许多海洋科学发现已被广泛发表,为人类认识海洋作出了巨大贡献。1963 年获美国科学院阿加西斯勋章。1964 年成为理查德·索顿斯托尔人口政策专家和哈佛大学人口政策研究中心主任。巴基斯坦总统也曾授予他勋章,印度国会还委任他为该国政府教育委员会成员。

60. 哪一位海洋探险家荣获过奥斯卡金像奖？

提起奥斯卡金像奖,无人不晓。可是有一位海洋探险家也曾获得过此类奖项。库斯托（1910—1997 年）就是荣获奥斯卡金像奖的海洋探险家。他的三部海洋影片:《寂静的世界》（1956 年）、《金鱼》（1960 年）和《没有太阳的世界》（1966 年）,获得了电影界的最高奖赏奥斯卡金像

库斯托(1910—1997年)

奖,使他成为了获此奖项的第一位海洋探险家。

库斯托出生于法国圣安德列·德库泊桑克,布雷斯特海军军官学校毕业,1950年开始担任海洋研究船"卡利普索"号的指挥官,1957年成为摩纳哥海洋博物馆馆长,也就是在这两个职位上,由于拍摄了几部关于大洋、海洋生物和人类在海上与海下活动的纪录片和编写了一套类似内容的图书而闻名于世。他对人类的科学贡献还远远不止于此,他在发明水中呼吸器、最初拍摄水下彩色照片方面也作出了贡献,他还是水下电视利用的倡导者,验证饱和潜水可行性的早期研究者,并作为法国科学院院士成立了库斯托基金会,为保护南极自然环境和全球生态环境而忘我地工作。

61. 你知道温深仪的发明者斯皮尔豪斯吗?

斯皮尔豪斯(1911—1998年)是美国的科学家和发明家,他以"海洋补助金计划之父"和温深仪的发明者而闻名于世。

斯皮尔豪斯出生于南非的开普敦,在南非的开普顿大学获得博士学位。另外,他还在美国、英国的大学获得过10个名誉学位。他除了当大学教授外,还分别当过明尼苏达大学工学院院长,阿瓜国际股份有限公司董事长

海洋科教

等职务。他是一位学识渊博,阅历丰富,研究兴趣广泛的科学家。他的研究兴趣涉及海洋学、气象学、天文学和空间计划等广泛领域。1938年他发明了温深仪,这是一种能使海洋工作者在运动着的船上获得作为深度的一个函数的深水温度记录仪。第二次世界大战期间,他因发明遥感上层大气用的气象学仪器而

斯皮尔豪斯(1911—1998年)

受到嘉奖。1964年在华盛顿举行的一次讨论会上,他首先提出要像土地补助金学会计划那样通过大学来支援海洋学研究。而土地补助金学会计划那时已对美国农业的发展作出了很大贡献。现在已经取得成就的国家海洋补助金计划,就是出自他的那次建议,因此,斯皮尔豪斯又被称为"海洋补助金计划之父"。

62. 你知道中国海洋遗传学的开拓者方宗熙吗?

方宗熙(1912—1985年)是中国海洋生物学家,中国海洋遗传学的开拓者。他出生于福建省云霄,1936年毕业于厦门大学,曾在厦门大学、印度尼西亚和新加坡等地任教。1947年他赴英留学,1950年获伦敦大学博士学位,同年底回国。回国后不久,他就走上了山东海洋学院生

方宗熙（1912—1985 年）

物系教研室主任、山东海洋学院生物系主任的工作岗位（后又任山东海洋学院副院长）。面对中国内陆地区长期遭受缺碘之苦的现实，他主持的海藻遗传研究小组，对海带遗传育种进行了研究，培育出"海青一、二、三"号海带新品种，在国际上首创了利用海带品种进行养殖的纪录，大大地推动了中国海带养殖业的发展，开创了对多细胞海藻遗传的研究，无论在社会效益还是经济效益上都有极其重要的价值。在海藻单倍体遗传育种的实验中，他和同事首次发现海带的雌性生活史，培养出若干海带单倍体细胞系，摆脱了海带遗传育种受季节性的限制，培育了海带"单海一"号、"单杂十"号新品种。在对多细胞海藻进行的原生质体的制备和培养研究中，使原生质体在一定条件下形成细胞，并发育为完整的个体，为海藻遗传研究提供了新方法。他领导研究小组与美国伊利诺斯大学合作，在应用紫露草微核技术研究中取得进展。这种"微核"是环境监测指标，也是应用遗传学方法检测环境污染的一种新技术。此外，他对耐盐水稻品种选育方面的研究也取得了一定的成就。方宗熙以生命不息、奋斗不止的精神给后人留下了大批的论文和著作，由他编写、翻译的教材、专著有13部,科普读物十几部,另外,还发表了数百篇学术论文。

63. 谁是海底扩张理论的创始人？

海底扩张理论概括地说,就是解释海底地壳结构和地壳运动的理论。它是大陆漂移学说的一种新的形式。从19世纪50年代中期开始,海洋工作者已经测量出海底岩石的磁化强度,并开始对正、负磁性异常现象进行了研究。当时在美国海军电子学实验室的美国地球物理学家和海洋学家迪茨(1914—1995年)是这一研究的积极组织者和参与者,他1961年提出海底扩张理论。1952年他发现了太平洋的第一条断裂带,认为它与地壳的形变有关,并设想新的地壳物质在大洋中脊处形成,并以每年几厘米的速度向外扩张,随后的工作证实了他的意见,因此,他被认为是海底扩张理论的创始人。他还以月球地理学、陨石学等领域的研究工作而著名。1958—1965年,他作为海洋学专家在美国海岸及大地测量局等12个机构工作过。

64. 你知道极富创造力的物理海洋学家蒙克吗？

蒙克(1917—)出生于奥地利维也纳,1939年毕业于加利福尼亚大学,同年进入斯克里普斯海洋研究所工作,从师于所长斯韦尔德鲁普教授。30岁时他获海洋学博士学位,37岁提升为教授,39岁就被选为美国科学院院士。从那以后,他一直担任美国加利福尼亚大学地球物理学和行星物理学研究所所长。他先后从事过海浪、风海流、海洋湍流、海洋声学和地球自转方面的大量理论

蒙克(1917—)

研究,与所长斯韦尔德鲁普合作确立了海浪预报方法。在斯韦尔德鲁普返回挪威后,他继续研究关于风海流西向强化的理论,以及远洋深海潮汐的实测,为理论海洋物理学的发展作出了杰出的贡献。他是一位富有独创力的海洋物理学家,培养出一大批优秀的海洋学者。由于他在地球自转和海洋波浪方面的成就突出,先后获得美国最高科学奖——全国科学奖、斯韦尔德鲁普奖、尤因奖和美国科学院阿加西斯金质奖等。

65. 你知道中国物理海洋学家毛汉礼吗?

毛汉礼(1919—1988年)出生于浙江省诸暨县,1943年毕业于浙江大学,1947年赴美进修,1954年回国。他参加并主持了1957年"金星"号的渤海湾及北黄海西部海洋综合调查,参加和领导了1958—1960年的全国海洋综合调查、中国海温、盐、密度跃层等专题研究,他与日本海洋学家合作于1957年提出的上升流理论模式,迄今仍被广泛采用,他与同事在中国首次提出了浅海跃层的研究方法;对渤海、黄海、东海的水文特征和水团,对长江口和杭州湾的咸淡水混合扩散问题,均有较详尽的研究。他

毛汉礼(1919—1988年)

的著作有《海洋科学》(1955年)和《海洋水文物理学的研究》等。

66. 登上现代物理海洋学高峰的人是谁?

斯托梅尔(1920—1992年)是具有德国和瑞典血统的美国人,1942年毕业于耶鲁大学,后入伍兹霍尔海洋研究所,在尤因的指导下从事研究工作。他39岁时开始任麻省理工学院和哈佛大学教授,41岁时就是美国科学院院士。他在物理海洋学方面的业绩,与其说是划时代的,倒不如说是具有革命性的,被誉为现代物理海洋学的高峰。他于1948年发表的"墨西哥湾流及其西部边界流理论"中,提出以β-效应阐释大洋风生漂流向西强化的理论,是现代物理海洋学中最为广泛引用的经典理论,同时,他在深海环流研究方面,也作出了创造性的贡献。他预言的沿着大洋西边界存在着流向赤道的深层边界流,在1957年春北大西洋联合调查中得到了证实。他还对许多大型的海洋调查、试验计划,例如国际印度洋考察、洋中动力学试验等,都作出了贡献。他的百余篇著作,几乎涉及物理海洋学的所有方面,对物理海洋学的一些基本问题,在温—盐关系的来源和意义、位涡度守恒、主温跃层形成机制、大洋涡旋和湾

斯托梅尔(1920—1992年)

流等方面都有深刻的研究。他的主要著作《湾流》是一部经典性的教科书,被各国广泛采用。因此,有人说,美国东部有斯托梅尔,西部有蒙克,他俩是现代物理海洋学的双璧。他先后荣获过斯韦尔德鲁普奖、信天翁奖、尤因奖和美国科学院阿加西斯金奖等。

67. 谁称得上是中国海浪研究的先驱者?

　　文圣常(1921—　)生于河南省光山县,1944年毕业于武汉大学机械系,1946年赴美进修,1947年毕业于美国航空机械学校后回国。

　　文圣常原先是一名优秀的航空工程专家,1946年,他在美国进修期间就翻译出版了《原子轰击与原子弹》一

书。他转而成为一名物理海洋学家缘于一次偶然的发现。1946年1月,他在乘船赴美进修途经太平洋时遇到风浪,几千吨重的船被汹涌的海浪轻易地抛起。这使他想到海浪中蕴藏着巨大的能量。于是,他决心设计出一种能够将海浪的能量得以利用的装置。经过苦心钻研,他很快设计出一种利用海浪能量的灯标,可在海浪中为船导航。这也是中国学者在国内进行海浪能量利用最早

文圣常(1921—)

的试验。1952年,他正式转向海洋研究,并且取得了很大的成就,在海浪理论与应用方面均有重要贡献。1953年,他在青岛的山东大学海洋系成立伊始,就受时任系主任的中国著名物理海洋学家赫崇本之邀来系任教。他在20世纪50年代发表了《普遍风浪谱及其应用》和《涌浪谱》的著名论文,就已经是对当时的两位国际物理海洋学界的权威斯韦尔德鲁普(现代海洋物理学奠基人、国际物理海洋学协会主席)、蒙克(海浪、海洋声学、地球自转等研究学界泰斗)的挑战。他主要是将"谱"的概念与能量结合起来,提出了具有普遍意义的海浪谱理论,从能量平衡

的观点出发导出了普遍风浪谱,并在此基础上进行了不断的完善。他时刻注重将海浪理论转化为生产力,为国民经济服务,并取得了巨大的经济效益,列入了国家《港口工程技术规范》,其海港水文部分1985年获国家科技进步二等奖。在20世纪60年代中期,他主持了国家科委海洋组海浪预报方法研究组的工作,突出的海浪计算方法很快在国内得到了广泛的应用。他于1967年出版的《海浪原理》专著要比美国唯一的一本同类专著的发表早两年,而他的《海浪理论与计算》(1983年),对指导国内学者进行海浪研究和培养海洋科技人才,为国民经济建设服务等方面都起到了相当重要的作用。他被公认为中国海浪研究的先驱者。

文圣常教授曾担任山东海洋学院院长,中国海洋研究委员会主席,世界大洋环流中国委员会主席、中国海洋水文气象学会理事长等职务。

68. 你知道美国海洋化学家艾德堡吗?

戈德堡(1921—2008年)是美国的海洋化学家,28岁时获得过芝加哥大学化学博士学位,并进入斯克里普斯海洋研究所担任助理教授,40岁时晋升为教授。1960年,他作为客座研究员在瑞士伯尔尼大学物理研究所研究冰川的积累率。1970年作为北约组织的特邀研究员,在比利时皇家自然科学院研究北海污染问题。他由于在天然水和沉积物的地球化学、应用放射性测年技术测定沉积物年龄、海洋污染以及应用冰川研究地球表面的现代地质活动等方面的研究成就而出名。多年来,他发表与出版了许多有关海洋综合研究的文章和书籍。他一直担任《海洋：思考与观测》丛书的编辑，也是《地球科学和陨星学》以及《人对陆地和海洋生态系的影响》这两部书的编者之一。他还为联合国完成了《海洋的健康》一书。1975年，作为他一直关心的海洋污染问题研究的一部分，他又开始实施一项关于美国沿岸海洋污染的监视计划。

69. 英年早逝的赤道潜流发现者是谁？

克伦威尔（1922—1958年）是一位年仅36岁，因飞机失事而过早告别了他喜爱的海洋科学研究事业的青年科学家。他出生于美国波士顿，1948年毕业于加利福尼亚大学研究生院，后来到夏威夷太平洋渔业调查所工作，在赛特所长的指导下从事海洋调查活动。他乘"史密斯"号船在太平洋海域长年坚持物理特性和生物学特性的详细调查，分析并研究了大量的观测资料，为了解赤道太平洋物理学、生物学特性提供了可靠的知识。这个时期，他发现了一个重大事实，即在赤道表层是西行流，而它的下方却是预料之外的东行流。1952年，他继续乘"史密斯"号利用海流板观测海流，终于发现了赤道潜流，并将这一发现发表在1954年的《科学》杂志上。这是

克伦威尔（1922—1958年）

继赤道海流系统中过去一个世纪内已经查清的北赤道海流、赤道逆流、南赤道海流的第四大海流。克伦威尔在热带太平洋东部进行调查研究长达4年之久，取得了丰硕的研究成果。后来，这些成果由与他合作的伍斯特发表在斯克里普斯海洋研究所的报告上。令人痛惜的是正在海洋研究事业上大展才华之时，他于1958年6月2日在去南极斯科特站探险途中，因飞机失事而意外身亡。人们为了悼念他，将他研究发现的太平洋赤道潜流称为"克伦威尔海流"，1961年夏威夷水产研究所建造的一艘水产调查船也被命名为"克伦威尔"号。

70. 海流测定中性浮标的发明者是谁？

海流测定中性浮标是利用超声波振荡来测定海洋深层流流动速度的仪器，它的研制发明对海洋科学的发展是一个了不起的贡献，它的发明者就是英国的斯沃洛（1923— ）。他出生于英国约克郡新米尔，1940年考入剑桥大学，毕业后到测地地球物理学局，从事利用海洋地震波进行地层勘探的工作。1950—1952年，他参加了"挑战者8"号进行的环球航行海底考察。1954年以题为

海上浮标观测

《海洋地震波法调查》的论文获理学博士学位,并于同年加入国立海洋研究所。一年后,他发明了中性浮标,开始利用它在大西洋各处实测深层海流。他发明的中性浮标的原料是一种铝管,由于铝管比海水压缩度小,具有浮力,因此,在短管的一端用塞子塞严,再调节重量,使之停留在所需的水深,保持中立状态,然后随深海海流而运动,再在平稳器上安装上蓄电池和高频超声波振荡器,这样,在船上就能测得它所处的位置,从而求出深层流。1955年,他在海上进行实验,获得成功后不久就在全世界得到广泛应用。他对世界海洋科技发展的贡献也得到了世界的公认。

71. 谁是中国南沙考古第一人?

　　王恒杰(1932—1996年)是中央民族学院历史系教授,出生于黑龙江省,满族,1957年毕业于东北人民大学后,就投身于边疆考古事业。他于1975年首次在西藏发现新石器时代遗址,1982年和1984年两次徒步从云南出发,沿着怒江进入西藏考察。1990年在中缅边界首次发现汉代遗址。1991年开始,他先后7次赴西沙、两次下南沙考古,成为中国南沙考古的第一人。他用自己的学识和生命向世界证明了一个真理:南沙是由中国人最早发现、开发和经营的,南沙自古就属于中国。王恒杰终因常年在野外奔波,积劳成疾,于1996年8月去世。根据他生前"归宿在南沙"的遗愿,海军官兵把他的骨灰安葬在南沙。

72. 你知道中国海底科学家金翔龙吗?

金翔龙(1934—),中国工程院院士,海底科学家。

金翔龙(1934—)

他出生于南京,1956年毕业于中国地质大学,1957年至1985年在中国科学院海洋研究所工作,1985年入国家海洋局第二海洋研究所工作,为研究员、博士生导师,任国家海洋局海底实验室主任。他是中国海底科学的奠基人之一,对学科的创建和发展作出了重要的开拓性贡献。近年来,他主要从事邻近海域基础研究和大洋矿产资源勘探开发工作,被浙江大学聘为客座教授。

73. 你知道中国著名物理海洋学家苏纪兰吗?

苏纪兰(1935—)湖南攸县人,于1957年毕业于台湾大学,1967年获美国加州大学博士学位。曾任纽约州立大学布法罗分校工程科学系副教授、夏威夷地球物理研究所海啸中心研究员,佛罗里达大西洋大学海洋工程学终身副教授。他1979年8月回国,任国家海洋局第二海洋研究所所长、《海洋学报》主编。他对中国的陆架及河口动力学研究作出的突出贡献重点体现在:首次发现潮流不对称性对长江口最大混浊带形成的重要作用;首次提出长江冲淡水次级锋面的概念及其对杭州湾悬移质输运的重要影响;首次提出潮致底质冲淤的有效模拟方法,系统地揭示出浙闽沿岸上升流机制及其与沿岸锋的关系;论证了黄海暖流主要受风驱动冬强夏弱的现象;论证了"黑潮南海分支"的来源及其动力成因,以及南海暖流与台湾暖流的关系。他先后发表河口和陆架动力学方面的论文 80 余篇,现任国家海洋局海洋动力过程与卫星海洋重点实验室主任。由于学术上的杰出成就,他被聘为俄罗斯科学院院士、中国科学院院士、第三世界科学院院士。1999 年被选为联合国政府间海洋学委员会主席。他是当代中国著名的物理海洋学家。

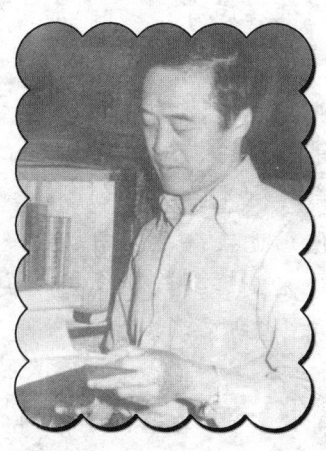

苏纪兰(1935—)

74. 谁称得上是中国古海洋学的开拓者?

汪品先(1936—)出生于江苏苏州,1960 年毕业于莫斯科大学地质系。现任上海同济大学教授、中国科学院院士,2002 年当选为第三世界科学院院士,他可以称得上是中国古海洋学的开拓者。

汪品先酷爱古海洋学的研究工作,并注入了几乎一生的精力。他长期从事海洋地质和海洋微体古生物研究,并运用微体化石研究海洋古环境。他和他的科研组通过海底有孔虫、介形虫的分布得出了在不同环境下不同属性的数量分布特征,然后又在现代生态分布知识基础上,对地层中的微体化石进行定量生态的解释,建立了第四纪海侵地层对比和古环境再造的方法,不仅为中国微体古生物学开创了新途径,而且推广到国外澳洲等地使用也获得了成功。他提出的化石群分异度和古生态转换函数等一系列定量研究的新方法,在国内得到广泛使用,推动了中国微体古生物研究朝着定量古生态方向发展。从20世纪80年代中期起,他率先培养古海洋学研究人才,并在古海洋学研究领域作出了开拓性的贡献,使中国的古海洋学研究赢得国际地位。他先后发表学术论文百余篇,其中《中国海洋微体古生物学》受到国内外学者的高度评价。他现担任海洋研究科学委员会中国委员会主席、国际海洋地质委员会委员、伦敦地质学名誉会员、海洋科学委员会副主席等要职。

作为首席科学家,他主持了国际大洋钻探ODP184航次的深海考察,标志着我国实质性跻身于这一国际合作大家庭之中,大大提升了我国在深海研究领域的国际影响。2007年,他获得了欧洲地质学会颁发的"米兰科维奇"奖。

75. 谁是中国现代海洋药物的奠基人?

管华诗(1939—)教授于1985年从海洋生物中提取出第一种海洋药物——藻酸双酯钠(PSS)以后,中国海洋药物研究便揭开了新的篇章,藻酸双酯钠、甘糖酯、海力特、人工皮肤、海星胶代血浆、褐藻胶代血浆等一批海洋新药相继在中国问世。

管华诗(1939—)

管华诗教授1964年毕业于山东海洋学院(现中国海洋大学),他长期孜孜不倦地从事海洋生物的综合利用及海洋药物与食品工程的教学和科研工作。他采用高科技生物技术手段研究成功的全国首例海洋新药——藻酸双酯钠,先后获得国际发明博览会金奖、全国百病克星大奖赛金奖等15项大奖,已经挽救了数十万病人的生命,创造了20多亿元的经济效益。作为中国工程院院士、国家海洋药物工程研究中心主任的管华诗教授,现在仍以他超常洞察力和远见卓识,带领一大批中青年海洋药物研究人员继续向世界海洋药物研究的更高水平努力。他构建了我国第一个海洋糖库,海洋特征寡糖的制备技术(糖库构建)与应用技术获2009年国家技术发明一等奖。2009年9月,管华诗院士主持编纂的海洋药物大型典籍《中华海洋本草》问世,这对于我国进一步挖掘中国古代传统医药理论,指导临床用药,启迪现代海洋药物的研究和开发,将具有重大的科学意义和社会经济价值。他称得上是中国现代海洋药物的奠基人。

更让人称道的是,管华诗教授担任中国海洋大学校长多年,以他旺盛的精力、严谨的作风、热情的态度,使学校以日新月异的发展速度向国际高水平特色大学方向迈进。他还担任山东省科协主席的要职,为地方科技与经济的发展作出了突出的贡献。

76. 进入太空的第一位海洋学家是谁?

海洋学家进入太空,这只是近十几年的事情,美国海军的海洋学家波·斯卡利·鲍尔,有幸成为众多海洋学家的第一位。他于1984年10月5日乘坐航天飞机"挑战者"号进入太空,进行了为期8天的空间海洋学研究。他在航天飞机上,能从太空中直接观察到世界大洋面积的四分之三。设在美国的斯克里普斯海洋研究所的卫星监测站,时刻跟踪航天飞机的飞行情况,科学家们在这里可以对飞行路线下的海洋探测资料及时进行加工处理。随着航天技术和遥感技术的不断发展,科学家们可以利用遥感设备进行空间海洋学研究,研究项目包括南大西洋的厄加勒斯海流、南大西洋波浪传播、东西大西洋的内波、南大洋的海冰、拉普拉多海岸的冰山、太平洋和北海的石油污染等。

海洋科教

世界海洋科技之最

77. 什么是海洋科技？

海洋科技即海洋科学与技术，是一对孪生姊妹。海洋科学的开创和发展，离不开海洋技术，比如，要想了解海洋科学的秘密，就必须有各种相关的观测仪器和设备；另一方面，海洋技术的发展，又能促使海洋科学研究更上一层楼。比如，海洋遥感技术的发展，使海洋学家可以利用卫星来研究海洋，从而使海洋科学开辟出了一个崭新的分支——卫星海洋学。

今天，海洋技术的发展，几乎包罗了陆上所有技术，形成了一个错综复杂的海洋技术体系。那么，它们又是如何分类的呢？它们主要可分为以下几个大类：海洋观测技术与设备，它包括海洋调查船、潜水器、海洋环境资料浮标、海洋遥感技术、海洋学观测仪器；海洋资源开发技术，它包括海底石油和天然气资源开发技术、海底矿物资源开发技术、海水资源开发技术和海洋空间资源开发利用技术；海洋工程技术，它包括各种海洋工程作业船、水下工程技术与设备、潜水技术、海洋三防技术、海洋环境保护技术、航海与导航定位技术等。

78. 世界最早的地球仪是谁发明制作的？

世界最早的地球仪是由德国航海家、地理学家贝海姆于1492年发明制作的，它至今仍保存在纽伦堡博物馆里。

1480年，贝海姆（1459—1507年）作为佛兰芒贸易商人初次访问葡萄牙时，自称是纽伦堡天文学家米勒的学生，所以成为约翰二世的航海顾问。当时航海者用星盘来测定日、月、星辰的高度，以推算时间和纬度。用黄铜代替木制星盘，可能是由他创始的。他可能曾与D·考航行到非洲西岸（1485—1486年）。1490年回纽伦堡后，在画家格洛肯东的协助下，开始绘制他设计的地球仪，1492年完成。他当时所画的世界地形既不准确又已过时，在这个地球仪上，印度洋是向东西扩展的海洋，特别是非洲西海岸，错误之多实在惊人。不过有趣的是，在发现北美洲的前夕他绘制的地球仪，为当时的人们提供了关于地理上的一些有益设想。

79. 世界第一颗海洋卫星的命运如何？

1978年6月28日，美国发射了世界第一颗海洋卫星，此举被誉为"海洋科学的一场革命"。这颗卫星呈圆筒形，高21米，总重量2290千克。卫星上携带有5种遥感仪器，这些遥感仪器被用来测量海洋波浪高度、长度和能谱，海洋风速和风向，海洋温度，大气层水蒸气，海流、海洋环流、潮汐、涌浪和海啸，海貌和海洋粗糙度，全球海洋水准高度，冰原、航路、冰期等。

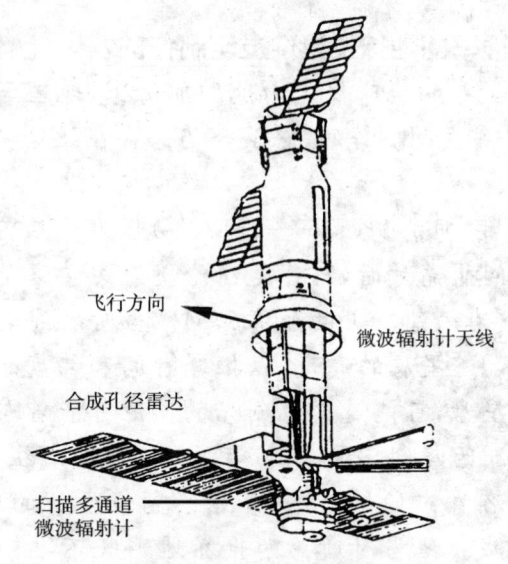

飞行方向　微波辐射计天线
合成孔径雷达
扫描多通道微波辐射计
雷达高度计　　可见光与红外辐射计

世界第一颗海洋卫星的示意图

令人惋惜的是，这颗海洋卫星在太空中只执行了105天的使命，就于10月10日杳无音信了，地面卫星接收站接收不到它的任何信息。美国国家航空航天局立即组建了一个"海洋卫星事故检查委员会"，经过两个多月的认真检查，找到了海洋卫星失灵的原因。原来是导线至电刷的接触或电刷至电刷的接触被弄脏，引起太阳系统的汇电环(也叫集流环)出现短路。这颗海洋卫星工作105天获得的遥感信息，经过4年的时间才处理完毕，被23个政府和学术机构的科学家利用，并绘制出新的海洋水深图和海底地形图。实践证明，通过用海洋卫星来实施对海洋的探测，不仅大大加深了人类对海洋与大陆相互关系的认识，开阔了人类对海洋认识的视野，也为深入进行海洋科学研究提供了丰富的信息。

80. 日本发射的第一颗海洋卫星性能如何？

1987年2月19日，在美国发射了世界上第一颗海洋卫星9年以后，日本也在种子岛的宇宙中心成功地发射了一颗海洋观测卫星。这颗卫星呈箱形，高2.4米，宽1.6米，长1.84米，重740千克，运行寿命为2年。卫星上搭载有：能识别陆地上高50米物体的可见近红外线辐射仪，能观测海水温度、水蒸气和地表面热分布情况的可见热红外辐射仪，以及能观测大气中蒸汽量和冰雪情况的微波扫描仪等3种传感器。这颗卫星可以对海洋、陆地和大气进行同步周期观测，一个周期为17天，能够提供海洋水色、温度、深浅、潮流变化等多种海洋情况。

81. 新的世界海底图是用什么资料绘制的？

以前，人类对占地球表面71%的海洋的描绘，还不如对金星表面的描述来得详尽，直到1996年美国国家海洋局公布了第一幅清楚的世界海底图，才弥补了这项缺憾。史密斯设计的这幅地图，有助于估算海底沉淀物的厚度，对石油、天然气、矿物的勘探关系重大，对商业捕鱼也起着相当重要的作用。以前绘制的海底图，是用回声测深仪的资料，而这幅图是利用解密的美国海军卫星收集的资料，相比之下，资料详细了30倍，使以前深藏海底的各种平原、裂岩、山脊、火山的神秘面纱被一一揭开。根据新的海底图，科学家们认为，以前被广为接受的板块学说有可能受到冲击，新的资料可能改变我们对深海海盆地质形成过程的看法。

82. 你知道国际海上发射平台吗？

为了达到在海上发射卫星的目的，由美国、俄罗斯、乌克兰和挪威4国联合建造了"奥德赛"号海上发射平台。建成时间是1995年，总投资约为20亿美元。它是由一个北海石油钻井平台改装而成的，发射卫星时，指挥船远离发射平台，所有人员在船上对整个发射过程进行遥控。这个平台长132米，宽67米。与之配套的海上发射指挥船船长201米，装备有火箭组装及发射任务控制设备，能容纳240人。担任发射任务的"天顶"号火箭，长61米，能够发射大型卫星。1999年3月28日，在夏威夷群岛以南2253千米，西经154度处的太平洋赤道水域，"天顶"号运载火箭从海上平台发射了美国银河11号卫星模型。

这个海上发射平台具有灵活性强、成本相对低廉的特点，在赤道附近发射，还可增加火箭的有效载荷。

83. 世界上唯一的竖立船是哪一艘？

世界上唯一的竖立船是美国的"菲利普"号。世界上没有任何船能像它那样在海洋调查时竖立起来,成为非常稳定的科学研究平台。美国斯克里普斯海洋研究所的这艘竖立船,是 1962 年由美国波特兰造船厂制造的,主要用于物理海洋学、声学、海洋生物学、气象学和海气相互作用的研究。

当"菲利普"号工作时,它的压载舱慢慢充满海水,当船尾下沉时,船头舱则慢慢露出水面可达 17 米,而船尾下沉达 90 米。十几名海洋科技工作者可以平稳地站在上面和在里面工作,此时它已不是一艘船,而像是一个大浮标,里面满是科学仪器。该船自身没有动力设备,到海上考察时是靠船拖到预定海域。通常设在货船船尾的指挥塔,在这里却设在船头。曳航时吃水线为

"菲利普"号在海上作业

3.83 米,可以停泊在所有级别的港口。37 年来,"菲利普"号已进行有控制的竖立下沉作业 335 次。

84. 你知道"海洋学家"号调查船吗?

"海洋学家"号是世界最先进的综合性海洋调查船之一,于 1964 年建成下水,1966 年 7 月编入现役,隶属于美

国国家海洋大气局。其姐妹船有"发现者"号。

该船全长92.4米,船宽15.8米,排水量4033吨,可连续航行12250海里,最大航速18节,船上固定铺位113张。该船操纵性和稳定性都很好。导航设备主要有雷达、电罗经、劳兰导航系统、卫星导航仪、无线电测向仪、奥米加导航系统等。船上设有化学、气象、重力、干、湿、CTD和摄影实验室共7个,可用取样管直接从海底采取地质样品。船上安装有两套船用计算机系统,一套用于机舱动力系统的控制监视,一套用于实验室网络系统,对调查数据进行自动处理。船上的主要调查仪器设备有:深海和浅海回声测深仪、窄波束声呐系统、CTD、XBT系统、海流计、探空仪、海面观测仪、重力仪、磁力仪、剖面仪等。

60年代海洋调查船

该船自1966年至1980年,航行了37.8万海里,航迹遍及世界各大洋。它先后参加过热带大西洋实验、深海采矿环境研究计划、夏威夷至塔希提海洋断面往复实验,中美首次长江口海洋沉积作用联合调查等重大海洋考察活动。后来,为增加资料收集的能力,还配置了带有抛弃式温深仪和气象站的半自动船载环境资料收集系统,以及多卜勒海流剖面测量系统等多种先进的海洋调查仪器设备。1986年4月,"海洋学家"号重新归队服役。

85. "让·沙尔科"号是哪种类型的调查船?

"让·沙尔科"号是世界最先进的综合性海洋调查船之一,隶属于法国海洋开发研究院,建于1965年11月。该船长74.5米,排水量2100吨,可连续航行1万海里,最大航速15节,船上设有地球

"让·沙尔科"号调查船

物理、水文、化学、物理、地质、干、湿实验室等,还有轻便装箱实验室。调查仪器设备主要有多波束探测仪、重力仪、地震仪、温盐深系统及深海潜水调查系统。各种绞车6台,其中包括缆长1.2万米的深海调查绞车2台,还配有3台吊车。

该船多次执行本国重大海洋调查研究项目和世界性联合考察课题。在1984年至1987年完成了一项规模宏大、世界关注的全球性海洋调研任务。该项目主要是对世界各大洋的大陆架和海脊现状、热液现象及海洋生物和生态进行综合性调查研究。历时1000天,总航程达41万千米,主要通过"萨尔"号深潜器和多波束探测仪,测量

水深、探查海底,并进一步进行人工地震和钻探技术在海洋实际应用的试验。

86. "查尔斯·达尔文"号调查船的性能如何?

英国国家自然环境研究委员会于1984年建成了一艘名为"查尔斯·达尔文"号的海洋调查船。这艘船也是世界最先进的综合性调查船之一。船长69.4米,船宽14.4米,排水量为2370吨,船上固定铺位39张,最大航速15节,可连续航行1万海里,船的操纵性、机动性都十分优越。

船上有总面积达214平方米的实验室和4个集装箱实验室,甲板作业场所宽阔,面积达354平方米。船上配备有双滚筒深海绞车、双滚筒水道测量绞车各一台,船尾设有20吨液压驱动的大型A型架,首尾各配小型折臂吊一台。船上调查测量仪器齐全,不但能进行常规的海洋调查测量,而且还能进行深海取样,做深海潜水器的支援母船。

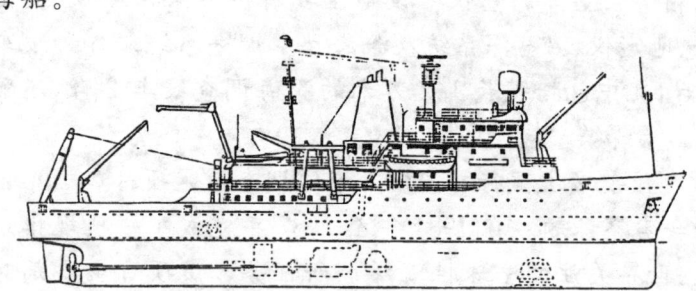

"查尔斯·达尔文"号调查船示意图

87. 你知道"流星"号调查船吗?

德国是海洋科学考察起步早、实力雄厚的国家之一,

由德国建造的"流星"号船是德国海洋调查船船队的代表,是调查船的旗船,迄今已有三代船沿用这个名字。第一代"流星"号建于1925年,曾进行历时2年零3个月的南大西洋探险;第二代"流星"号建于1965年,是一艘综合性远洋调查船,服役20多年,执行了70多个航次的调查任务,总航程达62万海里,为德国的海洋基础研究和世界海洋工作作出重大贡献;第三代"流星"号船建于1986年,是世界最先进的综合性海洋调查船之一,其吨位、技术性能、自动化程度、海上调查作业能力等方面均高于第二代船。第三代"流星"号全长97.5米,宽16.5米,排水量4000吨,有铺位62张。

该船设有5个通用干实验室和一个湿实验室,还有气象室、电子仪器室、地质室、重力仪室、摄影室、电子计算机室等,总面积达240平方米。还有存贮容量达1000立方米的科学器材舱。船上配备各种先进的调查仪器设备,如深海探测仪、探鱼声呐、测深仪、回声测深仪、卫星云图接收机、船舶气象站及电子计算机网络系统等。另外,船尾设有滑道,可供深海底栖拖网及生物拖网使用。

88. 北约组织的第一艘海洋考察船是哪一艘?

在20世纪60年代以后,当国际上海洋考察如火如荼地开展之时,国际地区性机构——北约为了发挥其集团的优势,达到优势互补,成果共享的目的,开展了许多联合海洋考察活动。由意大利建造的于1986年7月9日下水的"联盟"号,就是北约组织的第一艘海洋考察船。该船属于北大西洋研究中心,由德尔姆船舶管理委员会调度与管理,船长93米,型宽8.7米,排水量3019吨,船速16.3节,续航能力为8000海里,可在世界各大洋进行海洋科学考察。为了从事海洋研究,"联盟"号是按照低噪音和低振动标准建造的,专门制定了"噪音和振动预算"。一切易于产生噪音的机械装置都有隔音设备。为了确保稳定的工作条件,船上装有防横摇被动式船舶稳定系统。

89. 你知道欧洲第一艘现代化海洋研究船吗?

在1985年7月,西欧国家外长和科研部长们在巴黎开会,讨论并通过了"尤里卡计划",建造一艘现代化海洋研究船是这一计划的子计划——"欧洲海洋计划"的组成

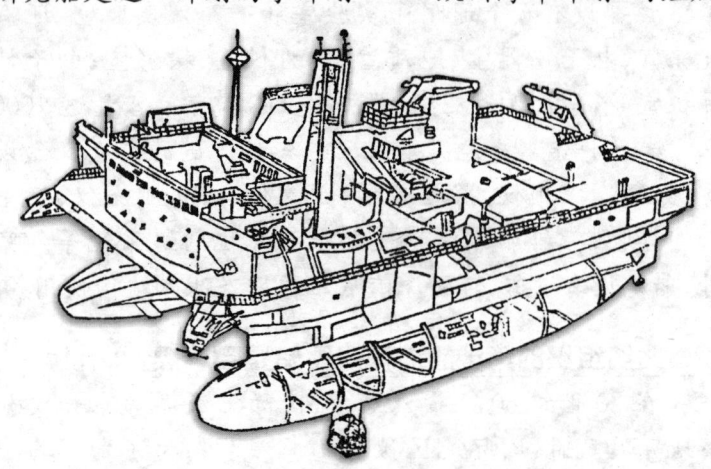

欧洲第一艘现代化海洋研究船示意图

部分。会后不久,被称为"超级水上实验室"的欧洲第一艘现代化海洋研究船在意大利完成主体设计。这是一艘吃水很小的双体船,下部为两个平行的船体,上部为一平

台。这种结构能使船在水面快速平稳地行驶,有利于海上科研作业。发动机呈鱼雷状,分别安装在两个船体的水下部分,最大航速可达30节,甲板长30米,宽20米,建成后主要在地中海水域作业。船上的各种仪器和设备都是在美、日等国有关先进技术的基础上,集中各方面的优点而设计的,因此,具有当时世界上最先进的科技水平。

90. 谁建造了世界上最大的人工地震勘探船?

世界最大、最先进的具有人工地震设备的海底石油勘探船"活动探测"号,是由美国米特萨比布油船股份有限公司建造的。它的总吨位3338吨,续航力1400海里。船上的地质勘探设备包括能造成人工地震的勘探装置、地震波分析仪、测量海洋地质构成的地磁仪和能探测地球密度的重力仪、能帮助研究人员进行数据分析的计算机系统,并可通过海事卫星,将数据直接传递到设在得克萨斯州的达拉斯总部。

91. 中国第一艘科学考察船是怎样建造的?

早在20世纪20年代,中国的海洋科技工作者已经可以在近海进行小范围的海洋调查了,但是由于当时国内连一艘像样的海洋调查船都没有,所以,在调查的方法、手段以及最终的成果水平上有很大的局限性。新中国成立后,1956年,中国科学院责成其海洋研究所尽快利用现有生产船只,改装一艘海洋综合调查船。"金星"号科学考察船就是利用上海海运局的"生产三"号远洋救生拖轮改装而成的。它就是中国的第一艘科学考察船。该船于1957年6月出厂,7月立即投入海洋调查工作。"金星"号船长60米,宽约10米,排水量1300吨,航速12节,该船的首任船长是戴力人。

中国第一艘科学考察船"金星"号

92. 中国自行设计建造的第一艘海洋调查船是哪一艘?

1965年12月的一天,上海沪东造船厂内彩旗飞舞、锣鼓喧天,"东方红"号船下水仪式正在举行。这就是我们中国人自己设计制造的第一艘海洋实习调查船。该船长86.8米,宽13.2米,排水量2574吨,航速14.6节,可容纳60名学生和30名教师在船上进行教学实习和科研活动。该船交由山东海洋学院(现中国海洋大学)使用。

"东方红"号船是一艘能同时承担教学和科研双重任务的综合性调查船,根据实验性质和工作要求,船上设有航海、气象、水声、水文、化学、生物、物理、地质等实验室,总面积约200平方米,船上配有供实验、调查用的各种设备和仪器,还配备有良好的食宿设施。它的投入使用为中国海洋科技人才的培养和海洋科学发展发挥了重要的作用。

93. 中国第一艘远洋调查船是哪一艘?

"实践"号科学考察船,由中国船舶工业总公司708所设计、上海沪东造船厂建造,于1969年建成,交由中国科学院海洋所使用,这艘船是第一艘中国远洋调查船。

该船长95米,宽14米,排水量3200吨,船速14.5节,可以容纳52位科技人员连续45天在世界各大洋进行多学科的海洋综合调查。

94. 你知道"向阳红16"号调查船吗?

"向阳红16"号是1981年由上海建造的一艘中国最先进的综合性海洋研究船之一,隶属于中国国家海洋局。它的总长为110.99米,型宽15.2米,船上装备有先进的通讯导航设备,包括日本制造的卫星通讯站、美国制造的导航仪、导航雷达等。船上实验室齐全,设有水文室、气象室、化学室、物理室、生物室、地质室、重力仪室等,并装备有先进的多频探测系统、海底照相系统、计算控制与监测系统。该船曾4次赴太平洋进行海底多金属结核(锰结核)资源的调查,多次在中国近海执行海洋调查任务,为中国海洋事业作出了重要贡献。

但是,十分遗憾的是1993年5月2日凌晨5时5分,"向阳红16"号在执行大洋调查任务航行途中,在东海海域与塞浦路斯籍货船"银角"号相撞,不幸沉没入海。船上110名船员和科技人员,除3名下落不明外,其他人员均安全无恙。"向阳红16"号的沉没,给中国海洋事业的发展，造成了重大的损失。

95. 你知道"海洋四"号调查船吗?

"海洋四"号是一艘海洋地球物理勘探船，不仅可以从事海洋地球物理专业考察，还可以进行多学科的综合海洋调查研究。它的姊妹船有"科学一"号、"海洋一"号、"海洋二"号、"海洋三"号和"实验三"号。"海洋四"号由上海沪东船厂建造，1980年下水使用。隶属于中国地矿部，由第二海调大队管理使用。该船长104.2米，宽13.7米，排水量3325.8吨，航速17节，续航力6000海里，铺位76张，船上设有地质和地球物理两个实验室，并设有地质采样设备和先进的定位、卫星导航、计算机处理系统。

该船除了在中国近海多次执行地球物理勘探和综合调查任务外，还多次赴太平洋执行中国大洋多金属结核资源勘探任务和南大洋地球物理勘探任务。

96. "阿尔文"号深潜器的贡献有多大?

"阿尔文"号是世界著名的深潜器之一，由美国海军出资设计建造，1964年下水，交由伍兹霍尔研究所用于美国沿海和远洋深海调查。它每年要下海上百次，最多时两三天就要下海一次，不断地把海洋学家送到黑暗而寒冷的深海世界，进行各种各样的广泛而有趣的研究工作。

"阿尔文"号长7.7米，宽2.6米，高3.9米。从侧面看"阿尔文"号的外形，像一只横着的大鸭梨。"梨把"的部位是艇尾推进器，"梨"的底部是艇首，厚15.4吨，最大下潜深度为3658米，有效载荷453吨，最大航速2节，成员3人(1名操作员，2名海洋学家)。有达15厘米的有机玻璃观察窗,高高的出入口,突出地位于"梨"的侧部。耐压壳用钛合金制成,外壳用玻璃钢制成,其独特的设计在于外壳具有正浮力(它自身浮力大于壳体自重和内部设备、人员的总重),一旦发生意外,耐压壳可以自动脱离玻璃钢外壳,单独浮上水面,这就保证了下潜人员的生命安全。另外,蓄电池等比较重的器材,也能很方便地被抛弃,确保耐压壳应急脱险。

"阿尔文"号深潜器服役以来,不仅屡建奇功、大显身手,而且为以后的深潜器发展提供了有益的经验。1974年7月—1974年8月,美国和法国海洋学家乘"阿尔文"号、"阿基米德"号和"西亚纳"号三艘深潜器,经过数次下潜探测,终于查明大西洋洋中脊上裂谷宽2.5万米~5.0万米,下底宽度不足3000米,纵深为2800米,这条裂谷是非洲大陆和

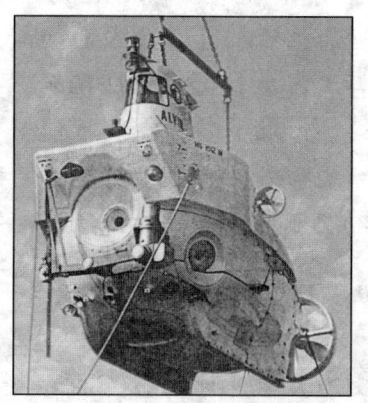

"阿尔文"号从母船下海

美洲大陆分裂时强行撕裂形成的,人们称它为地球的"伤痕"。1977年,"阿尔文"号在加拉帕戈斯群岛海域,下潜到3000米时,海洋学家透过观察窗,惊奇地发现一股灼热的喷泉,从海底裂谷中冒出来,在喷口附近,浮游着各种各样的奇异生物:血红色的管状蠕虫,大得出奇的蛤和蟹,还有一些好似蒲公英的生物。1979年,美国海洋学家又来到这里,乘"阿尔文"号再次下潜考察,却看到了另一

番奇异景象：裂谷中有一字排开的几座粗大的"水下烟囱"，这些"水下烟囱"的直径都在2米～6米，乳胶状热液像滚开的水一样，带着阵阵热气不断地从"烟囱"里冒出。这就是现在人所共知的海底温泉。

97. 日本第一艘深海救生潜水器何时下水？

1985年3月，日本第一艘深海救生潜水器建成下水。这艘潜水器，长12.4米，宽3.2米，高4.15米，排水量40吨，水下航速3节，专门用于救助因意外事故沉没的潜艇里的工作人员。潜水器的耐压壳是用优质超强钢板、外壳用钛合金及玻璃纤维耐压塑料制造，里面装备的仪器设备力求小型、轻便、性能好、精度高。这艘潜水器本体结构紧凑、操作方便、自动化程度高，可在深海区域作业，不仅可用于深海救生，还具备深海科学调查的功能。

98. 中国第一艘载人潜水器的性能如何？

中国第一艘载人潜水器——深海救生艇，是由上海交通大学设计，武汉造船厂制造的。它的最大下潜深度为600米，每次救生人数为22人，艇上装备有银锌电池为动力，观通导航设备有通讯声呐，水下电视、声成象声呐，定位声呐和测深声呐等，还装备有七功能液压机械手，可以在最大下潜深度与潜水器或其他水下结构物实施对口救生，并在200米之内进行开舱湿救。1986年6月，该潜水器在43米水深和一艘坐沉海底的模拟"失事"潜艇在水下对接，进行了在一个大气压下7名艇员从"失事"潜艇向深海救生艇的水下干转移试验，同时还完成了潜水器在水下的开舱湿救，并达到了360米的水深，打破了中国潜水艇下潜深度的记录。这次水下对接试验的成功,标志着中国深潜技术已跨入世界先进行列。该项成果也获得了1989年国家科技进步一等奖。

99. 中国首套单人常压潜水装具何时研制成功?

由中国船舶工业总公司科研中心为主研制的中国第一套单人常压潜水装具于1986年10月通过鉴定。该装具总高2.01米,正宽0.80米,侧宽1.30米,空气中重(无人)489千克,最大工作深度300米,生命支持时间36小时,工作环境流速不大于0.5节。该装具在总体设计、关节设计制造、头盔加工、躯体设计铸造等方面

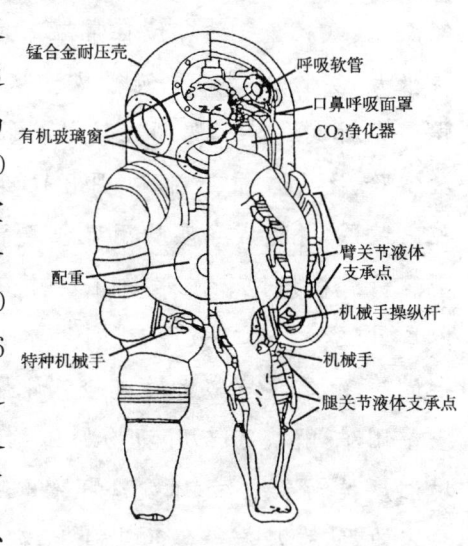

潜水服示意图

均有重大技术突破。其生命支持系统和通信供电系统,工作性能良好。这套潜水装具的研制成功,填补了中国常压潜水装具技术的空白,对建立中国综合潜水体系起到了促进作用。

100. 中国首次氢氧模拟饱和潜水实验的结果如何?

1998年12月6日,海军医学研究所成功地完成了中国首次氢氧饱和潜水动物实验。它对中国潜水事业的发

展有着特殊的意义。大深度潜水,目前国际上通常采用氦氧饱和潜水技术,氦气不仅资源匮乏,而且价格十分昂贵,一项普通的潜水工程仅氦气通常要花上百万元。20世纪90年代以后,一些国家开始尝试用氢气代替氦气,因为氢气的价格仅为氦气的百分之一,而且资源丰富。然而,氢氧混合气体即使在常温下也极易发生自爆,危险性很大,实验成功的先例很少。从1996年至今,海军医学研究所氢氧潜水课题在唐儒教授的带领下,经过数十次实验,终于在1998年11月3日研制出中国第一套氢氧配气装置,并完成了实验用混合气的配置,填补了中国空白。氢氧模拟饱和潜水是在实验室模拟水下高压环境,以氢氧混合气为呼吸源,进行潜水作业,这又是一个世界性的难题,需要冒极大的风险。课题组群策群力,克服了重重困难,解决了专用动物加压舱、特殊进排气管路、环境温度控制系统、气体安全报警仪器设计等一系列关键技术难题,在原有设备的基础上,研制出适合氢氧模拟潜水的特殊设备和装置,并通过反复摸索,掌握了高气压环境下使用氢氧混合气体的新技术,终于成功地进行了中国首次氢氧模拟饱和潜水动物实验。实验表明,中国在这一研究领域始终处于国际先进水平。

101. 你知道中国第一艘双体半潜船吗?

继美国、日本之后,中国第一艘双体半潜船下水,并于1985年10月交付使用。这艘船是上海交通大学水下工程研究所设计的,其外形结构吸收了轿车车头、鱼雷体和快艇的优点,高速航行时十分平稳,浪花很小,可以作为游艇、高速交通艇、航政船、港监船以及海洋科学调查船使用。

双体半潜船

102. 美国第一艘海上危险废物处理船何时下水?

随着现代工业的发展,工业生产中的有毒废液也在大量地增加,为了处理这些有毒液体,科学家们想出一种在海上焚烧的办法。这样,船除了用于运输、军事和考察以外,还具有废物处理的功能。由美国海上焚化公司管理,由塔科马造船公司建造的"阿波罗1"号,就是美国第一艘海上废物处理船。该船于1984年2月17日下水。按照设计要求,这艘船每年可安全处理3000万加仑有毒液体废物。船上有一座容量为170吨的焚化炉,炉温可达1260℃,可在海上燃烧包括三氯乙烯、苯、滴滴涕、农药、二氯联苯和多氯联苯等在内的有毒的有机卤化物液体废物。当全部设备开动时,焚烧炉每分钟可处理 70 加仑的废物。该船长 124 米,造价 3700 万美元,是按美国现在的环境条件及海岸警备队、环境保护署、海事管理局和国际标准局的安全标准设计的,系双层船壳,船上有 12 个 11 万加仑的舱室。当一个舱的液体废物排空后,海水可自动进入外层船壳,而不与装废液的舱室接触,这既保持了船的平衡,又避免了对海水的污染。从烟囱里挥发出的氯化氢将凝结,并被海中的碱元素中和。

103. 你知道中国第一艘垃圾处理船吗?

继美国第一艘海上危险废物处理船"阿波罗 1"号 1984 年 2 月下水后,中国第一艘垃圾处理船"环生一"号,也于 1986 年 6 月 25 日在秦皇岛下水。该船的建成和交付使用,对保护海面、防止海水污染具有十分重要的意义。"环生一"号船长 46.5 米,型宽 12 米,船上装备有焚烧炉及污水、污油等处理设备,可同时对各种垃圾进行连续处理。

104. 世界第一艘超导船具有什么性能?

超导技术是近些年才提出的高新技术,而最先把这种高新技术应用到船舶的推进动力上的是日本。日本制造的世界第一艘超导船"大和-1"号于 1992 年 7 月 27 日在神户港下水,从而打破了由螺旋桨驱动船只行驶 150 年的垄断地位。这艘船船长 30 米,重 280 吨,外形介于鲸和太空火箭之间。它由超导电磁推进力发动,从理论上讲,它的最高时速可达 100 海里,当电流通过由超导体线圈产生的强磁场时，便产生了一种力，使水从一根管道内以高速向后喷出，进而推动船体向前行驶。试验时，它运载 10 名乘客，时速约 80 海里，待超导技术改进后，它的时速还要增加。这种船，将来可望用于高速货运班船等方面。

"大和-1"号超导船

105. 世界上第一艘多用途破冰船是哪国制造的？

破冰船顾名思义，其用途就是海上破冰，但将破冰船设计成多种用途还是近几年的事情。1992 年 9 月 10 日，世界上第一艘多用途破冰船"芬尼卡"号在芬兰南部的一个船厂建成下水。这艘船，船长 116 米，宽 26 米，它既破冰，又能在海上铺设海底电缆，并可用作海上钻井平台的维修船，是世界上第一艘多用途的破冰船。

106. 世界最大的古代沉船是在哪里发现的？

希腊考古队于 1993 年在阿洛尼索斯岛附近发现了

世界最大的古代沉船,这艘沉船船长 25.5 米,宽 10.5 米,沉船时间在公元前 400 年至公元前 380 年之间,船上近千件货物保存完好。美国得克萨斯农工大学航海考古研究所教授巴斯认为,这是最理想的沉船,因为船轻轻地沉在海底沙滩上,没有大的损坏,船上的货物几乎没有受到破坏。这一古代沉船的发现,将对古代的航海贸易、古代造船提出新的看法,引起了世界考古学者,尤其是古代航海考古学者的极大兴趣。

107. 中国第一艘大马力多用途拖轮哪一年建成?

随着海上石油、天然气的勘探开发工作的展开,相应的各种配套设备也都应运而生。"胜利 221"号,是中国第一艘 2000 马力浅海多用途拖轮,于 1987 年 12 月下水。该船长 56 米,型宽 12.2 米,可拖带钻井平台进入 2.2 米水深的浅海作业,是当时中国在潮差带吃水最浅的工作船。由于采用大功率喷水推进装置,该船具有吃水浅、拖

多用途拖轮

力大、低速操作灵活等特点。此外,该船还可以用作供水、供油、消防船。该船的建成,为加快浅海及海滩过渡带的石油和天然气资源的勘探开发起到推进作用。该船是由中国船舶及海洋工程设计院与青岛造船厂共同为胜利油田而研制的。

108. 你知道法国第一艘由微机控制的拖轮吗?

法国人研制的"马赛人3"号是第一艘不必用舵而由计算机操纵的拖轮。该船2360马力,1982年8月交付使用。船上计算机能协调所有推进功能(两台主机、船首推进器、可变螺距螺旋桨和舵板)。船长只需一个携带式操纵盒,就能在驾驶台上任何地方操纵拖轮。此外,计算机能很快处理指令,使拖轮的操作质量大大超过一般的拖轮。该拖轮总长29米,宽8.9米,航速11.5节。

109. 你知道中国建造的最大船舶是哪一个吗?

到目前为止,由中国建造的最大的船舶是大连造船厂为比利时考贝尔弗莱特公司设计建造的"萨玛琳达"号散货船。该船于1993年8月20日下水,船长270米,型宽44米,型深24米,总吨位15万吨,主机功率14300千瓦,航速14节。该船设无人机舱,自动化程度较高,安装有世界上最先进的"全球海上遇险安全系统",无论船舶总体性能还是结构强度、机电设备,均具有当代世界先进水平。

110. 世界上最大的客轮是哪一艘?

巨型豪华旅游客轮"海洋自由"号于2005年8月19

日在芬兰南部沿海城市图尔库建成下水。它的建造者是阿克尔造船厂。"海洋自由"号已经取代了"玛丽王后2"号，成为当今世界上最大的海上客轮。"海洋自由"号15.8万吨的排水量甚至比美国海军最大级别的"尼米兹级"航空母舰的排水量还要大，更超过了"玛丽王后2"号的15.14万吨。它的体长是339米，宽38.6米，可容纳5740名乘客、船员及服务人员。该轮仅装饰费用就超过了1.4亿美元。除去普通的装备外，"海洋自由"号上还拥有攀岩场、滑冰场和高尔夫球场。

世界最大的客轮"海洋自由"号

111. 世界上最大的拖网渔船有多大？

1989年荷兰建造了世界上最大的拖网船，船长119米、宽19米、冷藏容量7700立方米，2台5000马力主机，2台辅机为2500马力，总吨位8500吨。这艘拖网船用于捕捞鲭、鲐、竹夹鱼等，可远航去南美捕捞，一天能加工鲜鱼300吨。

112. 中国第一艘旅游观光潜艇何时下水？

中国第一艘旅游观光潜艇"航旅一"号，经过两年多的开发研究，于1996年11月8日顺利下水。该艇总长23.5米，型宽4.2米，排水量125吨，旅游下潜深度3.8米，最大下潜深度可达50米，水面最大航速5节。艇内舱室采用了飞机内饰材料装修，高雅大方。左右舷侧各有10个直径为640毫米的圆形舷窗，艇首还有一个直径850毫米的大舷窗，视野非常开阔。舷窗之间装有大功率的水下照明灯，以便夜间或光线暗淡时也能正常观光。艇外安装水下摄像机，舱内设有与之相连的大屏幕闭路电视。该艇装备先进，配备有柴油机和蓄电池两套动力推进装置，续航时间为8小时~10小时。艇上还配置了先进的观通导航系统、空调设备和救险装置。它的安全与生存保障设施，使潜艇坐沉水深10米海底时亦可保证全艇40名游客24小时内的生存需求。

"航旅一"号观光潜艇

113. 中国最大的客货滚装船是哪一艘?

2000年3月,中国最大的客货滚装船"天仁"号投入天津港至韩国仁川港航线正式运行。"天仁"号船长186.5米,船宽24.8米,总吨位26463吨,最高航速25.2节。该轮的客房达到三星级以上水平,总客位604人,货舱可载货物3200吨,还可运输各种用途的大、中、小型汽车。"天仁"号的投入运营,将有效弥补该航线船舶在设备和功能上的不足,对促进两港两地间贸易交往,增进中韩两国经济发展和文化交流创造了有利的条件。

114. 中国第一艘国防动员船叫什么名字?

中国为了加强国防建设的需要,由中国船舶工业总公司设计的中国第一艘具有平战结合功能的万吨级国防动员船"世昌"号,于1996年12月28日交付海军。该船拥有航海训练、直升机训练、医疗训练、国防动员演练以及运载300个标准集装箱等多种功能。通过加装各种集装箱模块,能迅速地把这艘船转变成战时使用的各类军辅船。该船可满足200人航海训练需要,设有两个大型海图作业室,可供60人同时进行航海作业,并设有必要的导航设备及闭路电视系统,供航海教学使用。在加装集装箱医疗模块后,该船就变成一座"海上医院",其规模相当于陆地上的一个中心医院,可进行各种复杂手术,并可供100名医护人员海上医疗救护训练。在加装直升机舰载系统模块后,可携带直升机在海上进行飞行训练,飞行甲板可供两架直升机同时起降。通过功能的变换组合,可组成多种综合使用功能,如直升机编队和医疗救护人员上船实施直升机医疗救护、货物运输和直升机编队组成海上垂直补给等。

"世昌"号国防动员船

115. 中国第一艘油轮模拟教学船何时下水？

为了适应海上石油运输业现代化管理的需要，培养高水平的操作、管理人才，1996年8月，中国第一艘油轮模拟教学船"海英"号在上海建成并通过验收。该船全长17米，型宽6.5米，可模拟实船进行五大系统的操作：货油装卸系统、消防灭火系统、惰性气体保护系统、洗舱系统和集中遥控操作系统。它将作为华东地区油轮船员的上岗培训基地。

116. 世界最大的半潜式起重船是哪一艘？

日本船厂为美国麦克迪莫特国际公司建造的"麦克迪莫特102"号是世界上最大的半潜式起重船，于1985年建成，总长 198.9 米，宽 95.5 米，最大吃水深 31.6 米，甲板载荷 12000 吨，总吨位 136709 吨，主要用于北海油气田的大型海洋构筑物的吊装、修建和运输等海上作业。面积约 14600 平方米，布置有两台全回转起重机（每台最大起吊能力为 5986 吨）和有关船用设备；水下船体是两个潜浸于水下、彼此平行的船体，内设有压载水舱等，上、下船体靠 8 根垂直的矩形支柱相连。在水下船体下部安装有 6 台回转式导管推力器，这些推力器与船上的计算机控制系统相匹配，形成一套先进的自动动力定位系统，使船在风浪中作业时定位精确。船上安装有 6 台柴油发电机组。该船的上层建筑，好像一幢乳白色的楼房，有 10 层，可容纳 742 人居住。因此，该船稍加改装，就可成为接纳 1500 名游客的海上观光旅游船。

半潜式起重船

117. 你知道世界上最大的半潜式漂浮旅馆船吗？

1986年，日本三井造船厂为挪威纳斯姆逊海运公司建造了世界上最大的一艘半潜式漂浮旅馆船，作为在北海奥兹别克油田的作业人员的临时宿舍和休息间。该船长84米，宽66米，双人房间400间，此外，船上设有蒸气浴室、医院等现代化附属设施。居室设计全部按照北欧风俗和高级宾馆样式进行，据称，该船能在风速50米/秒、浪高30米的大风大浪中巍然不动。

118. 中国新一代FZF3-1型海洋资料浮标何时建造？

中国新一代FZF3-1型海洋资料浮标，于1999年5月在东海投入使用。它是应用了世界高新技术，由山东省海洋仪器仪表研究所和中国国家海洋局东海分局的科研人员研制的。新型浮标的采集、控制、检测和数据的存储、接收、处理均实现了微机化。浮标的主控制设备由一套微型计算机模块化装置组成，重量轻、功耗低、性能强，便于海上维修更换。检测设备是一台便携式计算机，联机方便、操作简单、功能齐全。浮标资料的实时接收、传送与数据处理，直接由PC机一体化进行，简便快捷，自动化程度高。浮标资料的存储容量大，一次换卡可满足记录一年以上的观测数据的需要。浮标采用海事卫星和全球卫星定位，数

海洋资料浮标

据传输可靠,资料接收率高,浮标定位信息准确。浮标的供电方式采用太阳能组合式供电,使浮标上配备的蓄电池数量节省了至少三分之一。航标灯也改为电子器件控制的二极管矩阵发光。

119. 你知道中国第一台真空抽吸式油水分离装置吗?

中国第一台利用真空抽吸原理研制成功的ZYT型油水分离装置,是一种性能良好的环保设备,被分离排出的水,含油量可稳定地降到10毫克/升。它克服了当时国内外油水分离装置粗粒化原件容易堵塞和含油污水容易乳化的缺点。此外,它的结构简单,工作可靠,易于维修,整机达到了国外80年代同类产品的先进水平。

120. 你知道中国第一座深水导管架吗?

由中国和美国合作建造的惠州21-1深水导管架,是中国第一座深水导管架,1990年3月底安装完毕。它的顶部尺寸为18.86米×18.86米,底部尺寸为60.207米×60.207米,四腿八裙柱,总重量达5491吨。该导管架的建造成功,不仅使中国科技人员掌握了一系列制造深水导管架的先进技术,而且获得了较好的经济效益,并在国际近海工程界产生了较大的影响。

121. 中国第一代潮汐预报机是何时问世的?

中国国家海洋信息中心的科技人员,在几十年潮汐预报工作的基础上,将预报技术和电脑软硬件技术相结合,于1999年11月研制出中国第一代潮汐预报机。它可根据用户的需要设立预报站点，随时求得所需站点的任意时刻的潮高和高（低）潮的潮时、潮高，预报精度准确可靠。这种可以进行潮汐预报的手掌机的主要特点是：体积小，按键少，便于携带，操作容易，可满足各类用户对潮汐预报的需要。

潮汐预报机

122. 世界最高的石油钻采平台有多高？

1988年9月，美国壳牌公司在墨西哥湾水深411米处建造了一座世界最高的石油钻采平台——布尔温克尔平台，仅它的导管架就有416米高，重量约5万吨。安装完后的平台，连同钻井架的高度达492.3米，总重7.8万吨，平台面积为122米×146米，有60个井孔，两台钻机可同时在甲板上操作。这是一座大型整体钢结构钻井平台，是为开发深水的格陵峡谷油田而建造的。由于它的重量和大小都是创世界纪录的，因此，拖航和水下就位，就要使用特殊规格的大型驳船来承担。

123. 世界最大水深的海上石油平台有多大？

美国壳牌石油公司所有的科涅克石油平台，重4.6万吨，共10条腿，是当时世界上最大的海上石油平台，1978

位于墨西哥湾的石油钻塔

年 7 月 28 日用驳船拖入墨西哥湾,在水深 342 米处进行安装,到 10 月底,包括所有钻探设备均已安装完毕。这个海上石油平台总造价 2.75 亿美元,年生产能力:石油 1 亿桶,天然气 1400 多万立方米。

124. 世界最大的浮动钻井平台是哪一个?

1983 年 3 月,瑞典某公司向挪威提供了一座名为"珍宝"的半潜式钻井平台,该平台总长 92.9 米,总宽 78.8 米,高 41.0 米,主甲板面积 67 米×57.5 米,载员 100 人,是世界上最大的浮动钻井平台。它的外形设计特点是,在 4 条腿和 2 个浮体之间有 15 个～20 个复杂的联接件,同时,甲板结构采用箱柜形,可保证较大的强度和浮力。该平台可在水深 460 米、风速 100 节、浪高 35 米的条件下

海洋科教

安装和工作,最大钻井深度为7600米。

125. 世界第一座半潜式钻井平台由谁制造?

美国人布鲁斯·科里普发明了半潜式钻井平台。第一座半潜式平台是"蓝水1"号,诞生于1962年,是由坐底式平台改造而成的。该平台建成后,当年就在墨西哥湾投入了使用,在1964年被飓风刮倒而沉没。也就在1962年,美国的外海钻井勘探公司又建成了"海洋钻井者"号,并在墨西哥湾投入钻井。

20世纪60年代以后,随着勘探日益向较深的海域发展,半潜式钻井装置得到了广泛的应用。特别是欧洲北海地区油气勘探的兴起,这一带水深,浪高,半潜式平台成为主要的钻井手段。

126. 你知道第一座人造冰岛钻井平台吗?

美国阿莫科公司1986年在阿拉斯加北部沿海的哈里森湾,建成世界上第一座面积比8个标准足球场还大一点的人造冰岛钻井平台。建造前,先在该区注满水,以增强冰层的厚度和强度。然后使用4台水泵向空中喷射海水,形成冰和海水混合物质,随着混合物的堆积、冰岛渐渐下沉,最后坐落在海底。人造冰岛建成后,在冰岛中心打个涵洞,一直打到海底,这样可以从海底开钻。建造这座平台使用了4台每分钟可喷射5000加仑海水的水泵,连续喷射了46天,用去2.66亿吨海水。

127. 世界最大的半潜式平台由哪国制造?

由日本建造的世界上最大的半潜式钻井平台——

"扎尼·巴尔尼斯"号于1987年2月在墨西哥湾交付使用。这座平台是由美国雷丁巴蒂斯公司订造,新奥尔良德

半潜式平台

弗雷德戈德曼公司设计,平台总长113米,总宽77.7米,深42.67米,最大工作水深1200米,排水量52300吨。该平台有两个下浮体和6根立柱。主机、钻井和定位等系统均由电脑控制,可在北海、阿拉斯加等气象、海况恶劣的海区作业。即使在平均风速50节,波高12米的海况下,仍能进行钻井作业。全部工作人员122人。

128. 世界第一座软结构海底钻探塔设置在哪里?

1983年夏季,美国爱克逊公司在墨西哥湾新奥尔良南约180千米、水深300米的海域,设置了世界上第一座顶部由钢缆系住的软结构海底钻探塔。该塔重2.7万吨,作业甲板高约400米,可容纳140名作业人员。塔顶部可向任意方向弯曲,最大限度达12米。由于软结构钻

探塔具有弯曲性,能承受风、浪等外力的冲击,海底基座面积比其他各型钻井平台的基座都小。该塔可抗风速30米/秒、浪高20米的飓风。

129. 世界最大的船式浮动原油生产装置在哪里?

日本于1989年建成世界最大的浮式原油生产、贮存和装油装置"查理斯·奔查"号。这一油船型浮动生产装置长238.5米,宽21.4米,载重量11.5万吨,处理原油能力3万桶/天,储油容量88万桶,装油能力5000立方米/小时~6000立方米/小时。该装置在海上设置时,海底与海上采用一根直径约10米的立管连接,并用于系泊。该装置是为澳大利亚西北海区的千莫耳海中查理斯油田设计制造的。

130. 中国最大的自升式钻井平台何时建成?

国内规模最大、自动化程度最高、作业水深最深的自升式钻井平台是"海洋石油942"号。它于2008年8月19日在大连船舶重工海洋工程有限公司建成交工,这也标志着大连船舶重工海洋工程公司可以制造当今最尖端的海洋工程产品,进入世界该生产领域的"第一军团"。

"海洋石油942"号是大连船舶重工为中海油田服务公司建造的第二座JU2000型自升式钻井平台,也是该公司迄今为止交工的第三座自升式钻井平台。它用于海上石油和天然气勘探、开采的作业水深可达122米,最大钻井深度9144米,创下了多项国内海洋钻井之最。

"海洋石油942"号自升式钻井平台

131. 中国最大的海上天然气田是哪一个？

由中国、美国和科威特合作开发的南海崖域13-1气田，是目前中国最大的海上天然气田。它于1996年1月10日投产，产量的绝大部分供应给香港，年供应量为29亿立方米，至少可稳定供气20年。同时，它还向海南省每年输送5亿立方米，用于生产化肥和发电。

132. 你知道当今世界最高的海洋灯塔吗？

为了避免海上油轮发生事故，减少海洋污染，1985年法国北部海岸，马斯汉特西南40千米处（高出海平面100米）建造了一座当今世界上最高的海洋灯塔，并使用了最新的电子通讯技术。它设有通讯业务区分电路，并加以扩展和延伸。该电路增设两个通讯网点，一个在英吉利海峡，一个在多佛海峡。这两个通讯业务网点均可为航行通过的大型油轮服务。灯塔上安装有无线电自动导航信标。信标机发射的灯光信号,能见度达75千米,无线电发射的有效范围可达200千米。

133. 你知道世界最大的波浪发电装置吗?

1988年安装于加拿大纽芬兰岛南部海岸,年发电能为1兆瓦的波浪发电装置,是世界最大的波浪发电装置。它由一对圆盘组成,每个圆盘的直径为36米,上圆盘漂浮在水面,下圆盘吊挂在其下18米处,并通过4根柱体与上圆盘连接。当上圆盘受波力而来回摆动时,柱体内的活塞便上下运动,受压液体驱动涡轮机从而发出电力。电通过电缆输往海岸电站。据试验估算,该装置的电力价格为3美分/千瓦,约是柴油发电机电价的20%。

134. 中国第一座大型助航浮标何时研制成功?

中国第一座大型助航浮标"TJ-1"号,于1986年12月投放在渤海湾,作为南方位标运转使用,它为中国海上导航开辟了一个新途径。该浮标为单链、松弛或水面系留系统。它的工作水深30米～50米,浮标壳体为圆盘形结构,其直径10.40米,壳体型深2.5米,塔架高7.7米,上部平台直径2.4米,主灯焦面距水面高度10.80米,总高度12.6米,排水量51.3吨,锚链共10节,沉块为8吨,锚重为5吨。该浮标上安装有主灯具、副灯具、灯具电源、雷达反射器等设备。

135. 你知道中国第一个浅海潜标系统吗?

中国第一个能常年在不同海区、不同海况下进行海

"TJ-1"号助航浮标

洋环境监测的浅海潜标系统,是由国家海洋局组织研制,1992年12月通过部级鉴定的。该系统是海洋调查中一种方便有效的测量仪器载体,具有设计合理、可靠性强、防腐性能好等优点。经多次在不同海区、不同海况中应用,特别是在强台风过境时极端恶劣的海况下,整个系统不仅安然无恙,而且获得系统的回收率和有效数据采集率均为100%的好结果。该系统的研制成功,填补了中国用潜标和浮标对水面上参数进行同步、连续、立体观测的空白,达到国外同类产品的水平。它将在海洋石油开发,海洋工程及国防建设中发挥重大作用。它是由中国国家海洋局的海洋技术研究所和南海分局联合研制的。

136. 英国第一座波能电站是何时建成的?

英国第一座波能电站不同于海上波能电站,它建在艾莱的一个岛上,其原理是利用天然海底岩洞、沟岩或人工构造的类似地形,与海水作用产生的波能启动涡轮机。发电机通过安装在岩谷上方的一个柱状振动器,就像气体活塞在涡轮机驱动下气体做往返运动一样,岩谷与海水产生的波能迫使水体在柱状振动器内做涨落往复运动。它造价低廉,与一般水力电站的电费差不多,每千瓦小时2便士~7便士。这是英国第一座依靠天然海底洞岩发电的电站,1991年下半年开始运行发电。

137. 世界上最大的反渗透海水淡化厂建在哪里?

位于以色列南部阿什凯撒的威立雅水业公司的海水淡化工厂,每天拥有生产32万立方千米饮用水的能力,它是目前世界上最大的使用反渗透技术的海水淡化工厂。

这个工厂内设有两个并行的海水淡化处理单元,每一个单元的年处理能力为5.4亿立方米。它的第一期工程是在2001年9月投入运行,第二期工程也已经在2005年底投入运行。

反渗透技术海水淡化工厂场景

该厂使用了目前世界上先进的细胞技术和热处理技术，生产出的淡水质量较高。因为被处理的海水要经过32层过滤，最终将水中的盐分降低到30毫克/升，而未经过淡化的海水含盐量要高达35000毫克/升（人类只能饮用含盐量最高为400毫克/升的水）。不仅如此，该工厂的淡化成本也比较低廉。

138. 你知道中国西沙的海水淡化站吗？

1981年6月，在中国西沙永兴岛上建成了日产200吨淡水的电渗透析海水淡化站，这是当时中国最大的海水淡化装置，也是世界上同类最大的装置之一。这台淡化装置，采用两组10级连续式工艺流程。装置中选用新型钛涂钌电极，并采用高速水流冲刷和定期倒换电极的方法，合理地解决了淡化器中阴离子沉淀的问题。淡化

中国西沙海水淡化站

器还配备有参数集中监视和故障报警系统，确保设备的

安全运行。该站可将海水含盐量淡化到 500 毫克/升以下,水质符合国家饮用水标准,但价格仅为用船往该岛运水价的五分之一。

139. 中国首次出口海水淡化成套设备是何时?

由国家海洋局杭州水处理技术开发中心承建的马尔代夫海水淡化工程,1992年初交付使用。这是中国首次出口海水淡化成套设备。这座电渗透析海水淡化站建在马尔代夫的马累岛上,日产淡水量 35 吨,可供岛上居民的生活饮用水。这套设备生产出的淡水,全部指标符合该国采用的世界卫生组织规定的饮水标准。

140. 中国首套大型反渗透淡化装置建在何处?

位于浙江省嵊泗县嵊山镇太玉湾的中国第一套日产 500 吨反渗透海水淡化装置,是 1994 年 4 月开始兴建,同年 10 月竣工的。这套装置采用以压力为驱动力的膜分离技术,实行计算机可编程序自动控制,解决了海水取水设施、杀菌、混凝阻垢等关键技术,能使海水脱盐 99%,并能排除其他杂质,达到国家饮用水标准。试运行以来各项技术经济指标均达到设计要求,并达到国际先进水平,水质经浙江省防疫站化验优于国家饮用水标准。该装置已直接进入嵊山镇自来水系统,相当于在嵊山镇建造了一座年蓄水量近 20 万吨的水库。这座反渗透海水淡化装置的建成,为中国沿海地区及岛屿解决淡水匮乏问题提供了成功的经验。

141. 你知道中国第一口海下煤井吗?

海下煤田的勘探及开采,是一项综合性的复杂的高技术,过去只有美国、英国、日本等少数国家能够进行。中国于 1990 年 11 月在山东龙口附近海下,打成了中国第一口海下煤井,这表明中国已具备海下采煤作业能力,成为世界少数几个拥有这项高新技术的国家之一。它是龙口矿区煤田的海下延伸,面积 150 平方千米,海下主煤层厚 10 米以上,储量 10 亿吨。

142. 中国第一座海上煤炭转载平台建在哪里?

作为中国交通部"七五"重大科研项目,中国第一座浅海煤炭转载平台,于 1994 年 9 月在江苏扬州建成。它由两艘长 85.4 米、宽 8.3 米的船体,通过 3 道强力龙门架连接成一个宽 27 米的整体平台,由双级双桨推进,排水量 3520 吨,航速 7 节,续航力 48 小时。该平台具有 3000 千瓦电站以及发电功能,配备有两套由 25 号抓斗卸煤机、给料机、输送皮带和装船机组成的独立的煤炭转载系统,设计年转载煤炭 200 万吨。该平台的建成,不仅填补了国内空白,也成为世界上第四座同类型的平台。

海上煤炭转载平台

海洋科教

143. "小型漫游者"遥控潜水器何时问世？

美国研制的一种机器人式的水下检测系统,可用于船体检查、水下调查、港口与船坞检查,以及海上打捞救援等,同时,还可用于核反应堆检查,潜水员观察,管线内部、沟管和堤坝等检查。该系统装配有两个推进器,可做向前、向后、顺时针和逆时针的水平运动,并装有一个中央推进器,可做上下垂直运动。导航设备有潜水深度计和压力补偿罗盘。该系统配备有微光高分辨率彩色电视照相机。整个系统通过脐带由水面控制和提供动力。该系统长66厘米,宽47厘米,高32厘米,空气中仅重20.5千克,最大工作深度258米,运动速度2.2节~2.4节,拖曳速度可达6节,海水中浮力为2.7千克。由于重心低,该系统稳性较好。最先由美国本索斯公司于1986年生产的这种"小型漫游者"遥控潜水器系统,后来在世界各个海区得到广泛应用。

144. 你知道世界上下潜最深的潜水器吗？

目前,世界上可用的载人深潜器共有5台,它们分别是日本的"深海6500"号、美国的"阿尔文"号、法国的"鹦鹉螺"号、俄罗斯的"和平"号及"密斯特"号,它们的最大下潜深度为6500米。而我国研制的载人潜水器下潜深度可以达到7000米,它可是目前世界上下潜最深的载人潜水器了。

我国的载人潜水器长8米、高3.4米、宽3米,用特殊的钛合金材料制成,在7000米的深海能承受710吨的重压,运用了当前世界上最先进的高新技术,实现载体性

123

能和作业要求的一体化。它与世界上现有的载人深潜器相比,具有7000米的最大工作深度和悬停定位能力,可到达世界99.8%的洋底。这艘潜水器的外观近似一颗胶囊药丸,能容纳3个人,一名操作员,两名科学家。在潜水器的前端,是一个密闭的玻璃,潜水科学家可以通过这里看到外面的世界。位于深潜器最前方可乘坐3人的钛合金载人球壳是深潜器最特殊和重要的部分,能承载700个大气压的压力,实现了与航天相同的生命支持系统。该深潜器的浮力材料采用一种玻璃微珠聚合物,使其具有针对探测目标稳定的悬浮定位能力,并实现了完全依靠自身重量的无动力下潜或上浮,在水下工作时间可以长达12个小时。

我国深潜器的外观图形

145. 中国第一座海洋水族馆是何时建立的?

早在1928年,青岛观象台成立了海洋科,这给青岛的海洋观测和研究带来了生机和活力。1930年秋,以蔡元培为首的中国科学社成员在青岛聚会,并提出了筹建青岛水族馆的建议,由青岛观象台负责工程的设计及组织施工,馆址在青岛鲁迅公园内。工程于1931年1月破土,1932年2月竣工,同年5月8日由蔡元培主持举行了落成典礼。青岛观象台台长蒋丙然兼任水族馆第一任馆长。

青岛水族馆建成已有近80多个年头了,期间虽然几度沧桑,但它始终以古朴的建筑风格和丰富的展览内容吸引着人们,在普及海洋知识和提高中华民族的海洋意识方面发挥了重要的作用。

青岛水族馆外景

146. 英国研制的新型潜水器有什么独到之处?

英国于1986年研制的"杜普卢斯Ⅱ"号潜水器,其独到之处是既可作为有人潜水器,又可作为无人潜水器使用。这种新型的潜水器上装有前进、后退、水平和垂直4台推进器。在左舷、右舷和抓斗臂上分别装有6功能、7功能和3功能的机械手。水面控制台系统包括:机械手、推进器和浮力等控制装置;深度/高度控制装置;航向控制装置等,以及深度传感器、回转罗盘、回声测深仪、远距离投放系统、多路传送系统和数据显示系统等。该潜水器的主要技术参数是:长2.45米,宽1.8米,高1.4米,重1700千克,最大工作深度为800米(有人),1000米(无人),有人持续时间75小时,最大前进速度为2.5节,最大水平速度1.5节。

147. 你知道昆虫型水下机器人吗？

日本运输省港湾技术研究所成功地研制出世界第一个昆虫型水下机器人,于1987年12月通过实验鉴定。它是由主体部分、水下识别系统、水中位置测定装置组成。主体部分采用的是铝质材料,6脚共18个关节,机械手共有3个关节,全部重量(在空气中)约700千克,由直流电机驱动。水下识别系统由黑白、彩色摄像机和水下照明灯等组成。水中位置测定装置为线位移FM信号传递方式,从而保证了机器人能在有声响的水下正常工作。该机器人能够在凹凸度35厘米的海底移动;各关节全方位移动;位置测量准确;可用小型支援船运载。该机器人已被用于海底状况调查、结构物调查、土质调查、磁力调查及工程施工监督等。

148. 爬行的机器人是谁发明的？

日本工业技术研究院机械技术研究所于1986年发明了一种能像海龟一样爬行的机器人。这是一种能模仿龟类动物慢速爬行或仅用四足中的两足快速步行的仿生式机器人。其机械足采用了"三棒振子"机构,是日本首次开发的可伸缩的机械足。首次问世的"KAME-1"号四足爬行机器人,重17千克,长50厘米,宽30厘米,高15厘米(最高点33厘米)。慢行时每秒5厘米,快行时每秒7厘米,每步最大距离14厘米。它能在凹凸不平的地面上自由行走,因此,适用于核反应堆内和船底进行作业。

149. 中国第一台水下机器人是何时问世的?

中国第一台水下机器人是"海人一"号,于1985年12月21日在大连旅顺口海湾试验成功。"海人一"号由三个浮筒、电源装置、深水电机、液压油泵、机械手和4台液压驱动的推进器组成。在浮筒内还装有全部控制系统和导航设备、声呐设备及定位、测高、测速等仪器设备。"海人一"号前部装有两台电视摄像机,分列左右,如同双眼,使观察图像时有立体效果。其中一台为微光电视机,它在黑暗水下透视力极强,在清澈透明的海水中可看到八九米,即使混浊的渤海湾内,也能看到1米开外。摄像机还可变换角度,如同眼球转动。在"双眼"中间,装有一只机械手,它具有6个功能,大臂、小臂和腕均可弯曲,钳状手指可将木板夹碎,力量大大超过人手。它是由中国科学院沈阳自动化研究所研制出来的。

150. 你知道中国第一台智能型水下机器人吗?

中国第一台智能型水下机器人,于1994年1月进行首次水下模拟救援试验获得成功。它是由中国船舶工业总公司702研究所负责,多个部门合作研制的。这台重量仅1吨多的潜水装具,在水下不仅可以自如地上浮下潜,前后移动,左右旋转,而且能自动测航、定向、定位、定深,并且会自动绕开障碍物,能完成诸如切割、打磨、清洗、敲击、开阀门、电焊、接管等技术活,还能完成抓举180千克物体等重体力活。它可应用于水下救生、沉船打捞、海洋地貌勘探、海上石油钻探、海底施工检测、水库作业、大坝水下修补、渔业布网等国民经济领域,为中国开发海洋资源提供保障。

151. 中国第一台无缆水下机器人的性能如何?

中国第一台无缆水下机器人"探索者"号,1994年10月在西沙群岛附近海域,成功地下潜到水下1000米深处,成为中国到达深海的先驱者。这台机器人整机功能和主要技术性能指标均达到国际20世纪90年代最先进的同类产品的水平。它由载体系统、电控系统、声学系统、导航系统、水面支持和能源系统组成,涉及自动驾驶、水声通讯、图像压缩与处理、定位导航与控制、计算机体系结构、多传感器融合、人工智能、高效能源流体力学及深潜技术、水面收放技术等多项高技术。

"探索者"号最大工作深度1000米,活动范围可达12海里,续航能力56小时,最大前进速度4节,可在4级海况下正常回收,能在指定海域搜索目标并记录数据和声呐图像,可对失事目标进行观察、拍照和录像,确定目标的状态和特征标记,实现搜索航行或预编程序航行,并能自动回避障碍物,具有水声通讯能力,可将需要的数据和图像传至水面监控台上显示,还可对失事海域主要海洋要素进行测量。它在水下工程、海洋石油及海洋矿产资源开发、海洋科学考察以及打捞救生等方面具有广阔的应用前景。

152. 中国第一个深海拖曳式观测系统达到什么水平？

中国第一个6000米深海拖曳式观测系统，于1995年9月13日至9月30日在夏威夷附近海域的中国矿区进行了多种金属结核实地勘察，首次试验获得成功。该系统在水下5200米连续工作20个小时，取得了非常有价值的照片和录像资料。1998年7月—9月，又参加执行大洋多金属结核勘察任务，共下水作业3次，水下拖航约280小时，设备工作稳定，圆满地完成了作业任务。在图像和信息传输方面，采用图像压缩实时显示和数字传输技术，这种数字图像技术应用于深海系统，在世界上尚属首次。该观测系统是由中国上海交通大学水下工程研究所设计，美国DOE公司协助合作研制成功的。

153. 你知道中国第一台6000米自治水下机器人吗？

由中国科学院沈阳自动化研究所、声学研究所、中国

6000米自治水下机器人进行海上试验

船舶工业总公司、哈尔滨工程大学等单位的百名科研人员联合研制的中国第一台6000米无缆自治水下机器人,于1995年8月完成样机试验后,经过一年多的工程化改造,该机于1997年5月20日至6月27日在太平洋东南海域,完成了包括6000米深水录像、拍照、海底地势与剖面测量、海底多金属结核丰度测定等多项洋底调查任务。至此,中国已成为世界上少数具有研制自治水下机器人能力的国家之一。

154. 是谁研制中国首套大深度水下作业工具系统?

中国第一套大深度水下作业工具系统的研制成功填补了国内高技术领域的一项空白。这套系统是为潜水员在300米内的深海工作研制的液压动力作业工具,由甲板设备、深水压动力源和5件水下作业工具组成。潜水员通过操作这套作业工具,可以完成拆装螺母、切割钢缆、切割软缆、打磨金属构件、岩石钻孔等水下作业任务,还可以配合潜水钟或单纯吊放而完成各种作业任务。它具有结构紧凑、便于操作、输出功率大等特点。这套设备的投入使用,将彻底改变潜水员在大深度作业中只能靠手工工具作业的状况,大大减轻了潜水员的劳动强度,提高了潜水员水下作业的能力。它对中国防救作业装备现代化、水下防险救生及科学研究、水下工程开发具有重要意义。该作业工具系统是1999年11月,由哈尔滨工程大学研制完成的。

155. 你听说过海中智能机器人吗?

日本浦双教授领导的研究小组,于1993年3月研制

海洋科教

出了能在海中自由地游泳的智能机器人。这种机器人的背部有两个相同的强塑料制成的压力容器,开头很像汉堡包,因此,研制人员称它为"孪生汉堡包"。这两个"汉堡包"内装有作为机器人头

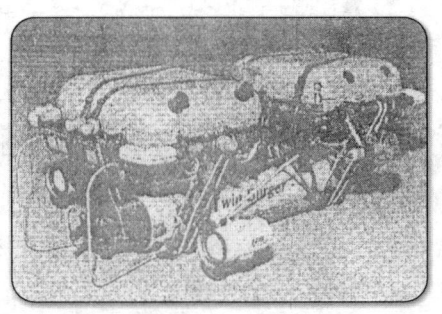

海中智能机器人——"孪生汉堡包"

脑的微型计算机芯片等部件。该机器人全长1.3米,高0.5米,宽0.65米,重110千克。它是靠电池驱动4个推进器,最大时速1.85千米。它能进行后退、上下、左右移动和回转。此外,机器人上还装载着电视摄像机和8个不同方向测量距离的超声波传感器,只要将目的地数据事先输入该机,它就能自动避开障碍物,游到预定水域。这种机器人,不需要人工操纵和遥控,完全依靠自身的"眼睛"和"头脑"在海中游泳。因此,将来有可能全部依靠机器人来完成勘探海底资源和维护海底电缆的使命。

156. 深海采矿机器人是如何工作的?

人类已经探测出海洋底部有多种陆地奇缺的矿产资源,如何将这些资源从海底开采出来呢?德国锡根大学的科学家们于1992年研制出用于开采深海海底球形锰铁矿石的机器人。这种机器人首先用高压水柱冲碎海底球形矿石,然后像吸尘器那样把矿石吸入储存器内,再用压力把矿石通过一条长的软管压出海面。这种机器人为

不锈钢制造,是重为 4 吨的水下装置。

157. 法国研制的遥控水下机器人性能如何?

法国于 1987 年研制的遥控水下机器人,可进行水下检查和维修等工作。它的特点是,既可在海底沿着双轨爬行,又可以通过两台推进器潜游,通过一条 690 米长的不锈钢铠装电缆由船载遥控器操纵。船载控制装置包括一台 9 英寸黑白和一台 10 英寸彩色电视监视器、一台字母发生器和一台完全遥控器。机器人上装有黑白和彩色电视摄像机、三台卤化灯、一个五功能(肩、肘、腕、手和躯体)的机械手臂。工作水深可达 400 米。它上面还装有各种传感器和工具,如金属探测器、海底剖面仪、静物照相机、海流计、底质穿透仪和岩芯取样装置等。该机器人已用于英吉利海峡海底调查、铺设海底电缆、水下管道检查、海上钻井平台检修、废水排放检查及水下倾废场监视等工作中。此外,它还参加了在南非沿海采集含有宝石矿石的沉积物的活动,以及水下考古和水道测量等工作。

158. 中国首台载人水下机器人何时投入使用?

中国自行设计研制的第一台可在水深 300 米进行各种施工作业的"QSE-II 型单人常压潜水装具"机器人,于 1992 年 5 月正式交付使用。它的研制成功为中国进一步开发利用海洋资源、进行水下各种抢险救生和科研提供了保障,标志着中国水下尖端技术又进入了一个新领域。

海洋科教

159. 你知道美国的海底研究站吗？

美国国家海洋大气局所属的"水族馆"号现代化海底研究站于1987年9月正式投入使用。这个耗资550万美元的水下研究站，安放在维尔京群岛附近的海底，主要用于渔业资源调查、物理海洋学、海洋工程和加勒比海的珊瑚漂白原因的研究。它将取代原"水下实验室"号水下居住室。

科学家在水下观测

"水族馆"号水下研究站重81吨，高13.1米，宽3.7米，长5.0米，由3个舱室、1个湿区、1个主闸封和出入闸封组成，可供6名科学研究人员在海底长期工作。

160. 你知道中国第一台海底图像设备吗？

中国第一台海底图像设备的主要性能技术指标均具有国际先进水平。它是由中国科学院声学研究所研制，于2000年2月通过技术检测的。这种海底图像设备，目前只有美国和中国能够生产，而中国研制的这台设备，在作用距离和分辨率等主要性能指标均已超过美国。它是一种对水下目标及周围的地理环境、地层剖面进行快速搜索定位的设备。其主要作用是快速寻找失事的船只等水下沉物，并以图像的形式提供地形、地貌、地层剖面资料，为快速准确地制订援救打捞方案提供依据。它还可以从事以地形、地貌和地层剖面的调查测量。这台设备体积小、结构坚固、操作方便。它的最大工作深度为300米,正常工作航速达到6节,能适应中国各海区的环境条件。

161. 有能捕鱼的机器人吗?

1983年4月,日本研制出一种机器人,成功地用于海上捕捞金枪鱼。这种"机器人渔民"是采用电脑控制的,它能在渔船上胜任渔民所承担的各种繁重工作,如撒网、拉网以及分拣鱼类等。实验证明,它不仅可取代渔民繁重的体力劳动,而且工作效率高,作业时间长,对增加渔业产量极为有利。目前,日本不少渔船,已经使用这种"机器人渔民"进行海上捕鱼。

162. 你知道带有摄影机的生物取样器吗?

为了捕获用一般捕鱼法采集不到的生物样品,以便研究生物对诱饵的选择问题,法国布列塔尼海洋研究中心于1984年研制出一种带有摄影机随时拍摄海底生物的活动情况和对诱饵选择的生物取样器。该取样器的外形是一个斜菱形锥体,由铝镁合金管制

生物取样器

成的框架,支撑了一个20毫米网眼的尼龙网,其进口直径为30厘米。摄影机和电子闪光灯固定在框架上,每40

秒钟拍摄一次。取样后,根据海面发出的指令控制释放机构动作,抛弃70千克重的压载物,靠浮子的浮力返回海面,然后通过无线电信标机和电子闪光灯进行定位,以便被打捞回收。取样中所用诱饵是甲壳类和鱼。该取样器在海底工作时间为18小时~42小时。

163. 世界上最小的鱼探仪是什么样的?

日本于1986年推出世界上最小的FUSO-302型液晶显示鱼探仪,尺寸为10厘米×14厘米×3厘米,重量仅有0.5千克(美国研制的一种轻型鱼探仪重量也有4.3千克),工作频率为200赫兹,工作最大水深50米。该鱼探仪虽然体积小,但显示屏幕可达71毫米×33毫米。除显示通常的图像外,借助条线图,它还具有显示反应强度(鱼群的大小)的功能。该机仅有一节干电池作电源,使用方便。它可望取代世界上广为使用的闪光式鱼探仪。

164. 中国第一代智能测深仪具有什么性能?

由中国船舶工业总公司研制的CS-500型智能回声测深仪于1993年3月正式通过技术鉴定。它的研制成功,标志着中国已开始步入世界先进的微机处理行列。这台可用于海洋勘察、航道测量及船舶导航的测深仪,具有声速自动修正、自动定时、数据打印、水深数据自动跟踪处理、量程自动切换、深浅水自动报警等13种功能,其最大测量深度为500米,记录精度的误差不超过0.25%。

165. 你知道基尔综合探测系统吗?

由德国基尔大学应用物理研究所于1980年研制的

基尔综合探测系统,是用于深海和浅海海洋学测量的精密仪器。它不仅可以快速提供关于海水温度、电导率、光衰减、溶解氧、声速等海洋要素的水平和垂直分布的资料,而且通过船上的中心处理机对这些资料的计算和分析,还可提供海水的密度、盐度值及其他海洋学、气象学、生物学分层调查的背景资料。基尔综合探测系统由水下装置和甲板装置两部分组成。水下装置由各种传感器、频移键控遥测装置和电磁释放器组成。甲板装置主要由数据处理装置、盒式磁带机、模拟记录器、行式打印机和终端计算机组成。

166. 你知道世界最大的水下模拟装置吗?

1983年6月,西德研制出世界最大的水下模拟装置,为西德培养具有较高专业水平的水下专业技术人才提供了一个现代化的培训基地。这个耗资4000万马克的水下模拟装置,由5个耐压舱、几个定向试验室、一个试验水槽和一系列为保证系统安全有效运转的辅助设备、通讯设备和可控监视装置等组成。此外,它还装备有现代化的数据收集和处理系统。该装置可以有效而可靠地模拟水下600米(载人)和2200米(无人)深处的压力、温度、海流、盐度、能见度和污染等环境条件。直径3.5米、长11.5米的大型试验室,可以全部或部分地用水或混合气体充满,通过所谓水陆两用墙分成三部分。耐压舱的最大工作压力为100巴,它能将一个120吨重的大型试验设备和仪器装进一个"雪橇"系统,并可进行小型潜艇的试验。这个模拟装置是西德的德雷格尔和吕贝克两家公司为西德造船与航海核能利用公司的格斯塔赫特研究中心研制的。

167. 你知道世界唯一的变动风洞实验设施吗？

日本运输省传播技术研究所于1993年10月25日建成世界上唯一的变动风洞实验设施。该设施在回流型风洞的观测洞下部装备有造波装置和水流装置，把船舶、海洋构造物的模型浮在长15米的水槽里，以这种状态进行实验。除能发生波、流之外，它还能发生正常风、正弦变动风，从而再现了实际海洋状态。该风洞长15米，宽3米，高2米；水槽长15米，宽3米，高1.5米，工程总造价为5.8亿日元。

168. 你知道世界最大的波浪水槽吗？

德国是受北海、波罗的海风暴潮和大风浪袭击最严重的国家之一，因此，德国历来十分重视波浪对海岸防护建筑物等工程设施的作用和影响的研究，并专门成立了由48位海岸工程方面的专家组成的专家组。这个专家组认为，原有的波浪模型由于受尺度的影响，不能复演天然情况，因此，有必要进行大比例尺的波浪水槽试验。根据专家组的建议，联邦政府在汉诺威工业大学水工与海岸研究所于1985年建造了一座世界最大的波浪水槽。水槽全长324米，宽5米，高7米，可以产生2.5米的波高。近几年来，在该水槽进行了以下项目的海堤的最优化和稳性试验：海岸防护中心的海堤和铺砌工程的试验研究，波浪产生的离岸波与离岸防护建筑物的相互作用，波浪对分解式构筑物和近海圆柱体建筑物的作用力及影响的试验研究等重要项目实验。

波浪水槽

169. 中国第一座海底模拟实验室是何时建成的?

中国第一座氦氮氧饱和潜水模拟海底实验室于1987年5月23日在上海投入使用。4名潜水员在模拟水下300米深海条件的实验室度过了21天,并按预定计划接受了各项测试,于6月12日安全出舱。这是中国开展的首次大规模、大深度饱和潜水多学科综合试验。研究试验项目主要包括潜水呼吸装具、深海潜水加热服、水下作业工具、水下通讯电话、300米海底模拟高压舱群。潜水用氦气回收及净化装置、舱室压力及氧分压的计算机自动控制、潜水生理医学和潜水程序等8个方面,均为填补国内空白的重要项目。这座亚洲最大的300米海底深度模拟实验室由包括两个主工作舱、水舱和两个辅助舱、能承受30千克/平方厘米以上压力的实验舱群和装备有电子计算机舱压自控、气体分析、生命维持、通讯联络和氦气回收等系统的中央控制室组成。除氦氧电话外，全部实验设施都是中国自行设计制造的，达到国际先进水平。这次饱和潜水实验的成功，标志着中国300米氦氮氧饱和潜水已进入实用阶段，这对中国海洋资源勘探开发、深海打捞救助、海洋科学考察和水下工程等都具有重要的意义。

170. 中国第一个"人造海洋"建在哪里？

中国第一个能同时模拟海洋风、浪、流的人造海洋，于1985年在上海708研究所正式建成。风、浪、流池长28米，宽12米，深2米。其造波、造流和造风等主要设备及仪表全部由中国自行设计制造。它将狂风、巨浪和激流汇合于一池，为海洋构筑物提供了理想的模拟海洋环境。

海洋环境试验水池

不久，中国船舶科学研究中心又建成了一个更大的人造海洋，其水池长69米，宽46米，深4米，可为更大海洋构筑物提供理想的模拟海洋环境。

171. 中国第一个"水下人造眼"是哪里研制的?

用于生产的观察型无人遥控潜器被称为"水下人造眼"，它的研制成功，标志着中国水下工程观察手段取得了重大进展。该潜器在水下具有4个自由度机动能力，装有两只300瓦水下灯，能无级调光，并装有水下电视和录像设备，便于水下观察和录像。其下潜深度达60米，在1米范围内可获得清晰的图像，具有体积小(0.5米×0.4米×0.35米)、重量轻(37千克)、携带方便、水下转动灵活、造价低等优点，适于水下建筑物的检查。它是由中国海河水利委员会和上海交通大学共同研制，并于1987年投入使用的。

172. 你知道世界深潜纪录吗?

法国海洋勘探工程公司在深潜水方面掌握着先进的技术，并具有丰富的经验。1990年5月6日派4名潜水员乘一艘民用潜艇潜入地中海，并在316米深处走出潜艇，从而开创了一项深潜水并走出潜艇舱的世界纪录。这艘名为"萨加"号的潜艇，重550吨，长28米，乘员6人，能潜入600米的海底，是世界上最大的民用潜艇。该公司还将进行更深的水下试验，其目的在于进行人类的神经生理、心血管、人体热量、肺换气、生物化学等医学研究，改进潜水员在海底的工作条件，提高工作效率。

173. 世界第一幅海底温泉图是哪国专家绘制的?

前苏联科学家发现,海底温泉的数量约为陆地温泉的1.5倍。当把测量海底温泉的传感器放到海底的不同地方,获得的数据经过计算机处理后就会发现,即使在地理位置很近的两个地方的温度,也可能相差甚大。根据广泛的测量数据,前苏联专家于1985年绘制出世界第一幅海底温泉图。专家们发现,海底温泉的大小是不固定的。海洋学家认为,海底温泉的大小及温度变化是有周期性的,一个周期约为6亿年。海底温泉资料,有助于更准确地确定海底地质构造活动地区和有探矿价值的地区。

174. 世界最大的海洋重力数据库在哪个国家?

世界最大的海洋重力数据库于1993年5月在中国建成,数据量多达1800万个。它的建成标志着中国海洋重力资料的应用研究跨入了世界先进行列。海洋重力数据库即地球引力场信息系统,是国民经济与国防建设必需的基础性信息,是国际上20世纪80年代中期兴起的一门高新技术。它可用来研究地球形状及外部空间引力场、地球的物理特性、区域地质和深部地质构造,为矿产预测和资源评价服务。航天部门可用它精确计算航天器的轨道,使航天器准确入轨。此外,它在大地测量、海洋地球物理及海洋地质勘探等领域也有重大的使用价值和广阔的应用前景。它是由中国海军海洋测绘研究所自行设计和建造的。

从1986年开始,海军海洋测绘研究所的科技人员,对这一重点科研课题进行攻关。他们运用现代电子技术终于建成了中国第一个以中国沿海及太平洋海洋重力信息为主体的全球地球引力场信息系统,并将信息资源与多种查询、计算、图形显示等功能有机地结合在一个系统中,具有完整性、系统性、实用性、方便性等特点。这个系统的信息量之大、精度之高,堪称世界第一。

175. 你知道中国最大的海洋信息服务系统吗?

经过中国国家海洋资料中心和国家海洋局海洋科技情报研究所科学家们3年的努力,1987年建成了海洋环境和资源信息系统第一系统工程。该系统工程综合了国内外先进技术,合理地设计和确定各种文档的数据质量、技术标准和质量控制参数,数据质量控制达到世界先进水平,在海洋数据的计算处理、实用规模和数值数据库等方面,居于国内领先地位,是中国当时数据存储量最大的海洋信息服务系统。

海洋信息服务工作场景

176. 日本第一台动力定位系统是何时建成的?

日本三井造船公司依靠本国技术,于1984年试制成功第一台动力定位系统及其模拟装置。该系统不使用锚,而用计算机控制螺旋桨和推进器,就可对船舶和海洋工程结构进行海上自动定位。该公司的微处理机具有可靠性能好、方位固定、精度高,并有故障判断功能、易于维修,可做全自动、半自动以及手动选择来改善控制性能等优点。模拟装置是采用计算机模拟系统,用该公司编制的模拟语言 RISS-CS。因此,模拟装置除实时模拟外,还可进行缩短时间的模拟。模拟装置采用与实船相同的输入信号形式。此外,它还可以不定期利用水池试验数据重复船体的运动性能,任意设定与实际情况相同的风力、波浪力和海流情况。

177. 你知道新型惯性导航系统吗?

三菱重工、日本航空电子工业和日本无线电公司于1986年联合研制的新型惯性导航系统,安装在日航飞机上进行试验时发现,导航定位误差约为150米,但与通常的惯性导航装置相比的优点是,体积减少了一半,价格下降三分之二,堪称划时代的杰作。该系统采用以下技术:将导航卫星的 GPS 与惯性导航装置结合起来,并把 GPS 和环形激光陀螺组合使用;GPS(全球卫星定位系统)采用单通道接收机,在惯性导航装置内采

卫星导航装置

用环形激光陀螺;信号传输系统中采用以前开发的光数据总线系统,并和环形激光陀螺组合而成光导航系统。

178. 什么是电脑拖网绞车?

美国于1985年研制出一种由电脑控制的新型拖网绞车,安装在"太平洋联盟"号捕蟹船上,可根据捕捞情况的需要,对放网、起网速度、曳纲张力和纲索拖曳范围等编制出计算机程序,在控制舱里以放网、起网和拖网三种作业方式操纵绞车,操作时可在停车之前慢慢放松曳纲,因此可以不使纲索突加负载,保护拖网不变形。在海况条件差的情况下,也能使拖网作业承受船纵横摇动时产生的拉力,使网口保持张开的状态,或使网具贴海底曳行。当绞车拖网行曳快速时,绞车会自动松放曳纲,在作业不正常时,则会自动发出警报。

179. 世界第一个搁浅海洋动物康复中心建在哪国?

美国国家海洋动物研究中心于1996年,在马萨诸塞州科德角伯恩镇建成世界第一个搁浅海洋动物康复中心。该中心位于科德角运河沿岸,占地面积1.6公顷。国家海洋动物研究中心之所以选择这里建康复中心,是因为这里每年有大量海洋动物搁浅,当地水族馆因能力所限,每年只能对少数体型小的动物进行康复治疗。伯恩镇每年只对这片土地征收1美元的象征性租金。海洋学家和兽医在这里开展搁浅动物的拯救工作,吊车能把长达6米的鲸送往康复中心。此外,该中心还计划建造一个能够容纳4米多长的巨头鲸的水族馆。

180. 怎样通过卫星与潜艇进行通信联系?

法国土伦海军武器研究部门的科研技术人员,通过卫星成功地在地面和水面与潜水中的潜艇进行了通讯联系,这是在世界通讯史上的第一次。通常情况下,潜艇与其他舰艇是通过无线电波进行通信联络的。由于电波无法进入水中,因此,潜艇在进行通信联络时必须浮出水面。法国的科研新成果解决了地面或水面与潜艇,尤其是长期在大洋深处执行任务的导弹核潜艇的通信联络的问题。据报道,试验是通过被称为"锡拉库萨"的卫星进行的。该卫星是专门为法国陆海空军部队远距离通信联络服务而发射的。

181. 你知道最早的有肢鱼化石吗?

英国牛津大学的阿尔伯格博士通过对19世纪20年代在苏格兰发现的一些骨骼化石和碎片进行检验后认为,这个属于3.7亿年前的鱼化石,是世界上生物从海洋走向陆地的最早的动物化石。这个鱼化石具有长1.5米的肢而不是鳍,远看像小鳄鱼,有小牙齿,能咀嚼鱼和千足虫之类的食物;近看它有尾鳍,像鱼一样,它的肢短而发育不全。这些化石分别保存在英国几家博物馆里。在这之前,古生物学家认为,最早的有肢鱼化石是属于3.6亿年以前的鱼甲龙属。据认为,新的发现,把鱼类从海洋过渡到陆地的时间向前推进了1000万年。

182. 发现"海峡人"化石有什么价值?

1998年11月,福建省泉州考古爱好者刘志成等在石狮市祥芝村渔民从台湾海峡海底打捞上来的数千件化石中,发现了一件疑为人类骨骼的化石,并请厦门大学历史系副教授蔡保全鉴定。蔡保全多次走访当地渔民及有关人士,确认这件化石来自传统渔业作业区的海域。经鉴定,这件骨骼化石为晚期智人男性个体的右肱骨,石化程度相当高,绝对年代距今约1.1万~2.6万年,保存基本完整,保存长度311毫米,表面呈棕褐色,并留有海生无脊椎动物附着的痕迹。后经著名考古学家、中国科学院资深院士贾兰坡鉴定,肯定了蔡保全提出的在1.1万~2.6万年前,由于陆海变迁,在大陆与台湾之间的谷地,生活着晚期智人,他们是从大陆向台湾迁移的早期人类的看法。贾院士认为这一发现十分有意义,并建议将其命名为"海峡人"。早期人类如何从大陆迁移台湾,一直是有关学界极为关注的一个重大问题。大陆和台湾学者大都认为,台湾最早的人类和文化源自祖国大陆。但迄今为止,均局限于根据两岸文化遗存进行考证和推测以及动物化石的比较,缺乏人类自身的物证。"海峡人"化石的发现,填补了台湾海峡区域人类考古的空白。

183. 你知道世界第一台微型图像显示劳兰吗?

日本古野电器公司于1987年研制成功世界第一台显像管式微型图像显示劳兰LPI 1200。这一装置是将测定本船位置的劳兰C导航仪和在屏幕上显示自航迹的图像显示标绘器两者的功能集中于一体,而且紧密地排入指示部分。由于指示部分自重仅5.5千克,在小船的驾驶台和机舱内安装非常方便。这种劳兰最适用于快艇、动力小船、钓鱼船和小型渔船。

184. 中国第一代电子航海图系统的技术性能如何?

中国人民海军海洋测绘研究所自行研制成功的中国第一代电子航海图系统,于1993年5月通过鉴定。这种新型船舶综合导航显示系统,可以把海洋测绘技术、微计

"东方红"号调查船驾驶台

算机技术、电子图像处理技术和航海导航定位技术等多学科的高技术产品和海图信息、航海导航定位设备集中于一体,实现了航海功能集中化、视觉化和自动化。如今,用巴掌大的磁盘代替了大捆的海图,船开到哪里,屏幕图形就显示到哪里,一旦船只偏离航线,电子航海图系统会自动报警。

185. 世界第一条横跨太平洋的光缆是如何布设的?

横跨太平洋、连结日本和美国的超长距离的海底光纤电缆于1989年初投入使用。这条光缆从日本东南部的千仓下水,经过关岛一直延伸到美国西海岸的加利福尼亚的波因特阿里纳,总长度达13311千米,铺设费用约7亿美元。这条光缆可传递声音、图像和各种电脑信息,同时可提供4万对话路。它由光导纤维构成,每对线路每秒可传递2.8亿比特信息。为防止渔船刮损和鱼咬破坏,该光缆采用金属铠装式,而且在水深100米以下的海底,光缆埋在泥土之中,在100米～3000米的大洋底光缆,用金属包起来,形成保护层。该光缆每隔69千米安装一个继电器,以保持信号的清晰度。

186. 你知道世界第一条越洋海底光缆吗?

美国电话电报公司于1987年开始布设,1989年10月底布设完成的世界第一条穿越大西洋的光缆全长6700千米,投资3.35亿美元,可供4万路电话同时通话,是当时正在使用的穿越大西洋的三条铜芯电缆话路总数的两倍。由于光缆通信是用激光传送信号,传输时不受电子干扰,因而传送的声音清晰。光纤通信的另一个优点是安全，不易被窃听。

187. 你知道中国第一条海底光缆吗？

横卧在青岛附近海域的中国第一条海底光缆系统，是经过14个月的试运行，于1992年2月底通过了国家级鉴定的。这个由中国人民海军北海舰队某部敷设的海底光缆系统的投入使用，揭开了中国海上有线通信的新的一页。

188. 你知道摩纳哥海洋博物馆吗？

摩纳哥海洋博物馆是艾伯特一世在王宫前面建立的壮丽的海洋博物馆。这座辉煌的建筑物于1899年开工，1910年3月竣工。该馆展览了海洋调查的巨大成就。大厅里陈列了各种海洋调查设备，包括世界上各种类型的采样器、拖网、深海水温计、采水器、流速计等，并附有使用说明。此外，博物馆还展示了多年探

摩纳哥海洋博物馆

险中采集的各种标本，琳琅满目。在这个博物馆内，还设有设备齐全的水族馆，从这里可以观赏到近海的各种鱼类和珍奇的生物。在同一建筑内，除设有包括图书室和实验室的研究所外，还设有国际海洋放射性研究所。

摩纳哥海洋博物馆的开馆盛典连续进行了4天。在

这里还诞生了"地中海科学考察国际委员会"。从此,摩纳哥成为名副其实的南欧海洋研究中心。

189. 世界第一个航母公园建在何处?

2000年5月10日,世界第一个以航空母舰为主体的军事主题公园——"明思克"号航空母舰在中国深圳大鹏湾落成迎客。

"明思克"号原来是前苏联海军基辅级航空母舰,是世界第五大航空母舰,舰长274米,型宽47.2米,高68米,重达4.2万吨,吃水10米。它的特点是:集航空母舰和巡洋舰设计于一体,具有较好的航空支援保障性能,作为世界首批搭载垂直和短距起降飞机的舰艇,平时与30多架直升机混装,拥有强大的舰载武器,具有多层次的攻防体系,能对付多批次、多方向的空中威胁,并能实施攻击潜艇使命。"明思克"号航空母舰于1972年在黑海尼古拉船厂开工兴建,1987年2月建成并开始服役。

前苏联解体后,它不得不于1994年提前退役。1995年10月,它被以极低的价格卖给了韩国。然而,3年后,由于经济不景气,韩国无精力和时间去维护这个庞然大物,便准备把它拆卸后当废铁变卖。中国某企业集团得知这一消息后,便萌生了一个大胆的想法,把"明思克"号买过来改造成世界第一个以水上航空母舰为载体的主题公园。于是,1998年年底,险遭解体的"明思克"号航空母舰进入广州文冲船厂,被改造得面貌一新。今天,在深圳新建的明思克广场上,"化剑为犁"的巨型雕塑昂然耸立,经过改造的"明思克"号航空母舰,以其令人惊心动魄的

海洋科教

身躯在深圳海滨展示着它的历史风貌。从而揭开了它生命中关于和平与友谊的崭新篇章,成为深圳一道新的亮丽的旅游观光风景线。

"明思克"号航母公园

190. 世界上最大的水族馆是哪一个?

世界上规模最大的水族馆是美国亚特兰大市的佐治亚水族馆,于2005年11月23日建成开放。佐治亚水族馆总蓄水量达到了2.2万立方米,共有超过10万种海洋生物,总共建设耗资近3亿美元。佐治亚水族馆的建造目的是为了娱乐、教育以及科学研究,整体造型犹如一艘巨型游轮。水族馆中海洋生物众多,其中的2条大白鲨和5头白鲸就足以吸引众多游客的目光。该馆内放置有60个大

佐治亚水族馆透视

小不等的水族箱,最大的一个水族箱的体积占水族馆总体积的四分之三,因为在这个水族箱里放养着2条海洋中最大的生物——鲸鲨。进入佐治亚海洋馆,你将产生强烈的身处海洋之中的感觉。

191. 中国最大的海洋动物展览馆建在哪里?

1993年4月建成的厦门水产学院海洋动物馆,是中国最大的海洋动物展览馆。该馆集中展出1800余种海洋动物,其中许多珍稀品种在国内尚属首次展出。该馆自开放以来,国内外参观者络绎不绝,已成为厦门特区的一个新的海洋科普知识教育基地和新旅游热点。

192. 中国第一座海底通道水族馆建在哪里?

由大连、新西兰、香港共同投资1亿元兴建的世界一流的海底通道水族馆——圣亚海洋世界,于1995年8月在大连建成,它的建成标志着中国的水族馆建设已跻身于世界先进行列。圣亚海洋世界海底通道长118米,位居亚洲第一位。

圣亚海底世界内景

水族馆内设有海洋世界展厅、海底通道水族馆、舰船展厅、海洋科普厅、海洋文化图书馆、海洋电影院等。海底通道水族馆造型独特,工艺精良,巨大的拱形玻璃做成的展缸,玲珑别透,极富立体感。200余种、7000余尾形态各异、色彩迷人的珊瑚鱼以及海葵、小虾畅游在 4000 吨经过净化、调温的海水中，使游人感受到大自然的美丽与神奇。

193. 你知道英吉利海峡隧道的故事吗?

1994 年 5 月，英吉利海峡海底隧道正式竣工，从而使几代人 240 多年的梦想变为现实。

早在 1751 年，法国的一位地理学家和物理学家首次提出修建英吉利海峡海底隧道的设想。1802 年，又有一位法国工程师向拿破仑一世正式提出，开凿一条用油灯照明的英吉利海峡海底隧道，供马车往返海峡两岸使用。1858 年，法国工程师德干莫来到英国，并带来一份穿越英吉利海峡的隧道计划，但英国人没有采纳。1860 年，英国人 W·洛提出了一个更好的计划，他建议建设一个双轨的隧道，这样可以解决通风的问题。于是 1878 年，英法两国各自成立了海峡隧道公司，并开始试挖。然而，因英国教会和军方的反对，1883 年工程被迫中止。时隔百年之后，于 1973 年，英法再次签订修建海底隧道的协议。但不久，英国工党政府以财政困难为由，单方面废除协议，工程于 1975 年再次宣告下马。1978 年，英法两国国营铁路公司，再次研究并拟定了修建海底隧道的工程计划，但由于工程耗资巨大(预算为 140 亿美元)，两国都感到力不从心。

1981 年 5 月，欧洲会议一致通过决议，要求欧共体共同实现英吉利海峡开凿隧道的愿望。1986 年 2 月，英法两国首脑正式签订了协议，这样，酝酿了长达两个多世纪的海峡隧道工程,终于在1987年正式开工了。经过7年的艰苦施工,英吉利海峡海底隧道终于在1994年5月竣工通车了。该隧道长53千米,两条主隧道直径7.8米,一条供高速客车通行,一条供高速火车通行,服务隧道直径4.8米,用于隧道的通风和维修服务。为了降低隧道里的温度,在两条主隧道之间安装了一条冷却管道,其总长500千米,耗资2亿美元,耗电量达52兆瓦,堪称世界昂贵的空调器。整个英吉利海峡海底隧道工程耗资共170亿美元,但也带来了巨大的经济效益和社会效益。从伦敦到巴黎之间的铁路行程,由5小时缩短到3小时,一年有8430万旅客和2600万吨货物通过英吉利海底隧道。同时,把英伦三岛与整个欧洲大陆联结得更加紧密了。

194. 海底隧道哪一条堪称世界之最?

1986年开始兴建的日韩海底隧道是世界最长的海底隧道,全长250千米,整个工程耗资约200亿美元,工程计划20年竣工。根据计划要求,日韩海底隧道建在地下300米～80米处,开凿两条隧道,隧道高4.5米,宽5米,一条用于高速客货电气化列车,一条为上、下线均为复线的高速公路。火车时速将达200千米。目前,日韩海底隧道已取得可观的进展,日本一方的施工现场,隧道里灯火通明,机器声隆隆,洞顶电线如网,洞底轨道如织,运送泥石的车辆往返如梭,整个施工现场全部采用机械化,工作井然有序,场面极为壮观。日韩海底隧道的开通,将大大提高日本与亚洲大陆的交通运输能力。特别引人注目的是,这条隧道的开通,将使日本成为贯穿欧亚国际高速公路的起始段。欧亚高速公路被人们称为"21世纪伟大的壮举"，它西起英伦三岛，经欧洲、中东、中南亚、东南亚，经北京、沈阳、丹东，穿过朝鲜半岛至日本，使日本与整个世界连接在一起了。人们将在21世纪初看到这一世纪工程竣工庆典的壮观场面。

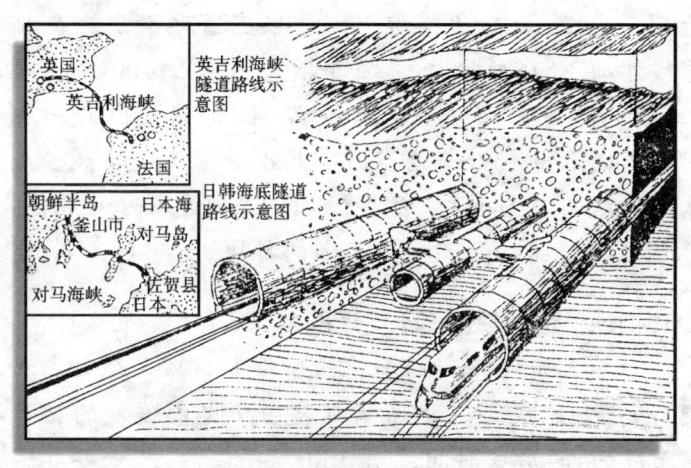

日韩海底隧道路线示意图

195. 你了解20世纪90年代"长ENSO"事件吗？

根据国内外对热带海洋大气状况的监测，自20世纪90年代以来，热带太平洋长期持续异常状况，维持ENSO（厄尔尼诺和南方涛动）循环的暖位相特征，发生了百年罕见的"长ENSO"事件。其特征是：自1990年2月至1995年8月，赤道中太平洋海温持续增温长达5年之久；热带南太平洋海平面气压距平持续西高东低异常型，南方涛动指数5个月滑动平均持续负值，自1990年10月至1995年8月接近5年；赤道中太平洋地区对流活动异常活跃也持续了4年多时间;大气海洋表征ENSO事件的主要变量都反映出强的ENSO信息,但是所有这些变量的时间序列的演变,都同时呈现出类似于周期变化特征的三次明显的振荡,发生了1991—1992年、1993年、1994—1995年三次ENSO事件,在历史上是十分罕见的。受其影响,结果是世界和中国气候灾害频繁发生。据初步估计,在全球所造成的经济损失至少在400亿美元以上。ENSO事件形成机理十分复杂,目前国内外一些研究初步揭示出ENSO是多时空尺度全球海气非线性相互作用的结果。20世纪90年代"长ENSO"事件的成因,又为ENSO研究和预测提出了新的挑战。

196. 水下"烟囱"是怎样发现的?

位于太平洋东部的加拉帕斯群岛,由15个大岛和约100个小岛组成。这些岛屿都是由于火山喷发的熔岩堆积而成的,其形成时间只有100万年左右,是一些非常年轻的岛屿。为了探索这些岛屿所处的东太平洋洋隆中大裂谷的秘密,1977年,美国的"阿尔文"号深潜器在这里下潜,当下潜到3000米深处时,潜水器被一股神秘的力量拱起,同时整个潜水器开始发热。幸亏操纵人员及时处理,才躲过了一场可能发生的灾难。他们透过观察窗向外看,只见一股灼热的喷泉从海底裂缝中冒出。在喷口附近,浮游着各种各样的奇异生物。

这一发现传开后,许多国家的海洋科学家陆续赶到这里进行考察。美国为了保持在这一领域的领先地位,继续在这里进行考察,并于1979年1月选派了一名海洋

海洋科教

地质学家、一名海洋生物学家和一名海洋化学家,乘"阿尔文"号深潜器,来这里进行深入考察。这次,他们看到的又是另外一番奇异景象:裂谷中一字排开的粗大的"烟囱",其直径在 2 米～6 米之间,里面的乳胶状热体就像滚开的水,带着阵阵热气不断地从"烟囱"里冒出来。科学家们把一根镶有温度计的塑料棒伸进"烟囱"内,转眼间塑料棒就融化了!他们急忙取出温度计,一看温度竟达到了 350℃!喷出的液体在"烟囱"周围形成一系列各种颜色的小丘,在探照灯的光照下五彩缤纷。更令科学家们震惊的是,在这里生长着长达 3 米、上红下白的管状蠕虫,它既没有眼睛、嘴巴,也没有肠子、肛门。这种蠕虫用白色的套管固定在熔岩上,靠身体顶端捕捉食物。此外,在熔岩的裂缝中,还栖居着体长达 30 多厘米的大蛤,据推测,其生长速度比一般蛤要快几百倍。这里的蟹也比普通的蟹大得多,但没有眼睛。裂层底部还有蒲扇般的海蚌、手掌大小的沙蚕,以及状似蒲公英的白蚱。还有一些从未见过的全身是毛或脚的怪物。

科学家们对"烟囱"周围的海水分析表明,这里的营养物含量比稍远的水域高出 300 倍～500 倍。因此,在这里栖居的生物长得快、个头大。

在前后十几年的深海考察中,各国科学家又在其他大洋脊裂处发现了几十处水下"烟囱"。其中仅东太平洋洋隆断裂带长 6 千米、宽 0.5 千米的扩张中心区域,就发现了十几座水下"烟囱"。科学家们的研究指出,这些水下"烟囱"和旁边形成的小丘,富含铜、铅、锌、金、银、锰、铁等多种金属元素,常与扩张中心热液体系相伴生,产生于水深3000米～3500米、高热流区的洋中脊、海底裂谷和弧谷边缘海盆构造带内，它就是人们通常说的海底热液矿床。

197. 怎样探索地球的"伤痕"？

20世纪70年代初期，海洋科学家们用声呐探测技术，发现了大西洋洋中脊。这是一条纵横大西洋南北，向南一直延伸到南极洲附近、长约1万千米的大洋中的山脊。不久又发现这条洋中脊顶部有一深邃的裂谷，据称，它是美洲和非洲大陆分离时，强行撕裂形成的地球"伤痕"。为了探索"伤痕"的面貌，为大陆漂移学说提供证据，法国和美国科学家联合制订了大西洋洋中脊水下考察计划，由法国的"阿基米德"号、"西亚纳"号和美国的"阿尔文"号3艘载人潜水器承担考察任务。

1973年8月，这项计划以"阿基米德"号探测维纳斯山拉开了序幕。维纳斯山是大西洋洋中脊裂谷中央一座高250米的小山，它终年披着"雪白的外衣"。很长时间，海洋科学家多次探索，始终解释不了这一现象。"阿基米德"号下潜不久，就获取了维纳斯山峰上的"白雪"样品，经科学家分析，所谓"白雪"只不过是一层薄薄的白色沉积物。"阿基米德"号先后7次下潜到2000米深的深海底谷，潜行9000米，采集了90千克岩石样品，并拍摄了2000多张照片，为认识大西洋洋中脊积累了大量资料，为进一步探索"伤痕"做了充分准备。

1974年7月，"阿基米德"号、"西亚纳"号、"阿尔文"号3艘深潜器由3艘母船运到亚速尔群岛西南约124千米的大西洋洋中脊顶部上方的海域。7月10日,"西亚纳"号下水不久,海洋学家们从观察窗看到一排排千姿百态的海底奇观,有的像巨大的蘑菇,有的像大卷的棉纱,有的仿佛是刚刚挤出的牙膏。更为有趣的是,海底裂谷中还喷发着炽热的金属溶液。"西亚纳"号重点考察了裂谷底部众多的裂缝,发现裂缝的延伸方向都与裂谷的走向平行,其宽度以裂缝轴开始向两侧逐渐加大,最窄处仅有几厘米,最宽处可达数十米。同时,在裂谷底部还发现一些断层,这些断层的延伸方向也与裂谷的方向平行。这里的地壳,仿佛是被一股强大的力量硬拉裂开似的,科学家估计,这里是世界上地壳最薄的地方,可能不到60米。经过3艘深潜器数次下潜探测,终于查明大西洋洋中脊上裂谷口宽2.5万米~5万米,下底宽不足3000米,纵深为2800米。这条裂谷是非洲大陆和美洲大陆分离时强行撕裂形成的,被人们称为地球的"伤痕"。

海洋科教

重大海洋科学考察

198. 什么是海洋科学考察？

海洋科学考察是人类了解海洋和认识海洋的基础途径。从史前到 18 世纪末期，海洋考察活动主要是围绕着发现新陆地而进行的海洋地理考察。直到 19 世纪 70 年代，"挑战者"号深海探险前后，才开始了以海洋生物为主要目标的海洋探险考察。但是，由于当时科学技术水平的限制，海洋考察进展相当缓慢，只有到了 20 世纪 50 年

国家海洋局"向阳红 10"号科学调查船

代前后，随着科学技术的发展，一些较发达的国家才开始建造专门用于海洋科学调查与研究的船只，才使海洋调查研究活动在世界各大洋广泛地开展起来。尤其是在 20 世纪 60 年代以来，世界许多国家参与了大规模的国际合作海洋科学考察活动，使海洋考察达到前所未有的广度和深度。海洋调查船不再是海洋调查的唯一载体，在空中，有卫星、飞机；在海面，有先进的综合海洋调查船，在水下，有载人潜水器、水下实验室、水下机器人，在海岸，有星罗棋布的观测站和接收、传输网点，从而形成了一个技术密集型包括高精尖技术的立体观测系统，获得的海洋

诸多方面的资料也是以前无法想象和无法比拟的。

通过这些海洋调查和观测，使人们对海洋有了一个全面而正确的认识，海洋不只是船舶航行的通道，而且具有人类赖以生存的丰富的生物资源和非生物资源。同时，人类也已认识到，海洋资源并非是取之不尽、用之不竭的。因此，人们在合理开发利用海洋资源的同时，应积极保护海洋环境，以便使它为人类提供永恒的服务。

199．你知道"挑战者"号深海科学探险吗？

1872年12月6日至1876年5月24日，英国派遣海洋科学探险队乘调查船"挑战者"号，在世界各大洋进行深海物理学和生物学考察。"挑战者"号是由炮舰改装的调查船，船长67米，宽9.1米。船上装备有11000米长的测深缆和7300米长的取样缆。在三年半的时间里，"挑战者"号走遍大西洋、太平洋、印度洋和南大洋，航程68890海里，在362个测站上进行了测深、测温、采水、取样、拖网等，采集到大量的海洋生物标本、底质标本、不同纬度不同水层的海水样品。在太平洋最深的马里亚纳海沟，他们测量到8185米的深度，在夏威夷群岛北方5500米以下深海，他们还采集到海洋动物。

航海结束后，地质学、动植物学教授汤姆森负责大量标本的分配工作，总结和出版调查报告。在其后的大约20年间，爱丁堡成了海洋研究的中心，也成了世界海洋生物学家的圣地。世界各国学者为了参观这些珍奇的发现和成就，纷纷来到爱丁堡。为了更好地完成各类分报告，汤姆森教授将这些工作分别委托给世界各国的权威人士。因此,在长达50卷的报告中,汇聚着全世界科学家的宏伟业绩。到全部报告出版完毕,共花了20多年的时间。

可以这样说,现代海洋学家的共同看法是:"挑战者"号深海探险,诞生了近代海洋科学,开始了人类认识海洋、开发利用海洋的新纪元。

"挑战者"号乘风破浪

200. "流星"号南大西洋考察具有什么重大意义?

1925—1927年,德国"流星"号调查船对南大西洋进行了历时两年零三个月的考察,这是继英国"挑战者"号之后的又一次划时代的考察。这次考察以海洋物理学为主,采用了各种电子技术和近代科学方法,以观测精确著称。它首次应用电子回声测深仪,获得了7万多个海洋深度数据;首次清晰地提示了大洋底部起伏不平的轮廓;揭示了海洋环流和大洋热量、水量平衡的基本概况。考察结束后,出版了长达16卷的考察报告,包括海底、海洋物理、海洋化学、海洋生物学、海洋气象学,以及内波观测等内容。

"流星"号(1924年)

201. "信天翁"号深海考察的突出贡献是什么?

1947—1948年,瑞典国立海洋所所长彼得松率领12名科学家乘"信天翁"号调查船(1450吨)进行了一次深海考察。这次考察历时15个月,航程13万千米,重点进行了大西洋、太平洋、印度洋赤道无风带的深海观测,以补充英国"挑战者"号无法在无风带区域进行深海观测的空白。观测了南北纬度20度以内的赤道流系,研究了深海的光学性质。同时使用活塞式柱状采样器,取得长23米的岩芯,发现深海沉积层中有第四纪气候变动旋回的记录;利用地层剖面仪调查了大洋沉积物的厚度;用放射性同位素测出沉积物的生成年代和沉积速度,其中太平洋的沉积速度为每千年0.13厘米,而大西洋红粘土的沉积速度则为太平洋的10倍～20倍。此外,在混浊流、海底水化学等方面也取得了新的发现。

"信天翁"号

202. "铠甲虾"号深海考察的目的是什么?

1950年10月—1952年9月,丹麦哥本哈根大学教授兼动物博物馆馆长布鲁恩,率领10名队员,乘"铠甲虾"号调查船进行了一次以研究深海生物为主要目的的环球深海考察。考察队在海底取样时,使用了1.2万米的钢缆,从大于1万米水深的菲律宾海沟的底质中,采集到大量的活微生物。1951年7月22日,从第418个测点的海底,花费了14个多小时,采集到了附着于石块上的白色海葵、美丽的红虾、发光鱼、水母、沙蚕类等,从而证实在1万米的深海处也栖息着生物。此外,他们还用32米网板拖网,从3400米～7200米的深海采集了大量的乌黑的鱼、青白色的海星、海参、虾、长腿蟹等珍贵的生物，还采集到被人们认为在3亿年前就已绝种的活化石贝。根据采集的样品，他们发现，生活在大于7000米深的超深海动物，与来自于2000米～3000米深的深海和大陆坡的亚深海动物，进化物种不同。它们能够适应巨大的水压，因此，在研究物种的进化时，这种动物具有十分重要的意义。此外，他们还用特殊装置，测量了深海地磁。

203."勇士"号太平洋探险有什么新发现？

"勇士"号原为一艘货船，1948年改装成为海洋科学调查船，"勇士"号太平洋探险是由前苏联科学院海洋研究所组织进行的。它自1950—1958年，多次从事太平洋深海调查研究，每年海上作业7个多月，观测点100个～300个，主要进行的是测深和深海生物调查。这次探险的测深结果，更正了远东近海和太平洋的水深图，并把数个新发现的海渊和海沟编入了海图。此外，还发现了一些破碎带、海底山脉和海山等。在马里亚纳海沟发现了世界最深的查林杰海渊，深达11034米。在千岛至堪察加海沟，发现维提亚兹海渊，其深为10382米，并采集了40米长的海底柱状样品，研究了长达1000万年的地质年代史。在探险中，还发现了在1000米～3000米深海处，有流速为30厘米/秒的强大深层流。弄清了深海水强烈的垂直混合和数千米范围的浮游生物的垂直分布。调查结果表明，在大于10000米的深海沟处，也栖息着多种海洋生物，还发现了数百种新物种，其中包括有明显的原始性的新动物——须腕动物。鱼类的最深种采自7580米深处,双壳贝的最深采集处为 10300 米。可以确定,含有特殊动物的超深海区的上限为 6000 米。此外,还发现海中的动物种类因深度而异,深海动物的组成亦因海沟的场所不同而有显著差异。

204. 你知道"挑战者 8"号的环球考察吗?

在英国"挑战者"号开始了人类认识海洋、开发海洋的新纪元的 85 年后,英国的"挑战者 8"号又于 1950 年 5 月 1 日从普利茅斯启航,由大西洋百慕大群岛、牙买加、经巴拿马到太平洋,沿途经过加拿大、夏威夷、阿留申、日本、阿默勒尔蒂群岛、新西兰、克马德克群岛、斐济群岛、瓦利斯群岛、日本、印度洋,于 1952 年年底回到英国。

这次环球考察取得了三大突出成就:第一,1951 年 6 月 14 日,利用炸药爆炸做声源的回声测深法,测得马里亚纳海沟的最深海渊的深度为 10863 米。用采泥器从 10504 米深处采集了红粘土,创造了世界最深的采泥记录。通过测深断定,该海渊宽 0.5 海里,长 20 海里,是侧壁呈"V"型的峡谷;第二,太平洋的底质构造与大西洋百慕大群岛一带截然不同,在玄武岩质的大洋基岩上,覆盖着厚度约 200 米的沉积物;第三,在太平洋环礁上,海底 600 米以上为珊瑚岩。"挑战者 8"号的环球考察,大大促进了大洋地质学的发展。

205. 国际地球物理年的作用如何?

国际地球物理年是由国际科学联合会理事会国际大地测量和地球物理学联合会组织的每隔 25 年对全球地球物理现象进行一次国际合作观测活动。其前身为每隔

50年进行一次的国际极地年。从1957年7月1日至1958年12月31日的第三次国际极地年开始改名为国际地球物理年。这次活动共有67个国家参加,共同对南北两极高纬度地区、赤道地区和中纬度地区进行全球性的联合观测。其科学研究内容共有13项,包括气象学、地磁和地电、极光、气辉和夜光云、电离层、太阳活动、宇宙线与核子辐射、经纬度测定、冰川学、海洋学、重力测定、地震、火箭与人造卫星探测等。

206. 国际印度洋考察是何时进行的?

国际印度洋考察是1957年由国际海洋研究科学研究委员会发起并组织,1962年改由联合国教科文组织政府间海洋学委员会负责协调,世界气象组织和联合国粮农组织参与协作,对印度洋进行的一次综合调查活动。这次综合调查活动,自1959年正式开始,到1965年结束,历时7年。参加考察的国家和地区共23个,其中13个国家和地区提供40多艘调查船,进行了180个航次的调查,发现了新海山,查明南纬15度附近冷涡的锋面以及东印度洋水团的分布,并取得了一些重大发现。例如,了解到索马里海流的流速在夏季为最大,高达7节,红海海底有热孔,最高水温可达52℃、盐度达250、季风末期出现赤道潜流,绘制出新的海底地图和生产力图等。将所获大量资料汇编成系列性印度洋图集,其主要科学成果是汇编出版的8卷资料。

207. 你知道有钻透地壳的计划吗?

在"奖励奇特设想"的美国多科学会成立的推动下,国际大地测量及地球物理学联合会大会于1957年在加拿大的多伦多召开。会上通过了美国国家科学基金会芒克和海斯发起的"莫霍计划"。所谓莫霍计划,就是在海底打钻,穿透地壳底界的"莫霍面"来研究地幔。计划由美国斯克里普斯海洋研究所科学委员会理事长巴斯科姆领导,并于1961年3月,先在美国加利福尼亚岸外试钻,接着,在墨西哥湾西岸外水深3558米处钻进183米深,其中钻入玄武岩基底13米。可是,这离钻透上万米厚的地壳还相差甚远。按照1962年的计划,钻到莫霍面需要1500万~2000万美元;1964年需要6800万美元;1966年需要11200万美元。最后,这项预算被美国众议院投票否决。于是,"莫霍计划"在花费了2500万美元之后告吹。"莫霍计划"最终因计划不切合实际和经费不足,于1966年宣告以失败而结束。

208. 为什么称深海钻探计划为国际巨型科研项目?

早在人们讨论"莫霍计划"的可行性时,就有人提出不打透地壳而钻探海底沉积层的主张。经过几年的酝酿,1966年6月,美国国家科学基金会正式委托斯克里普斯海洋研究所筹备"深海钻探计划"。计划的目标是搜集科学资料,以确定大洋盆地的年龄和发育史。汲取"莫霍计划"失败的教训,研制出新的深海钻探船——"格洛玛·挑战者"号。船上配备有钻探井架,塔高于水面61米,能够在水深6000米的大洋底上钻孔取岩芯,船上安装了当时最为先进的动力定位系统。该船于1968年3月下水,8月首航墨西哥湾,深海钻探计划正式开始。此后,"格洛玛·挑战者"号就在各大洋作业,平均一年进行6个航次,每个航次都要在几个地点打若干个深海钻孔。经过五年半的时间,完成了三期钻探计划。1975年11月,英国、苏联、日本、法国和西德加入"联合海洋研究所地球深处取样计划",使深海钻探计划进入新的"国际大洋钻探"阶段,成为一项国际性的巨型科研项目。这些参加国每年出资100万(后来为200万)美元。实际上,钻探船上的科学家不只来自这6个国家,而利用钻探取得资料进行分析研究的科研人员,则来自更多的国家。每个航次的现场记载与实验室内分析成果,都由美国汇编成一两部巨册出版。深海钻探计划按原定方案于1983年结束,为地球科学的研究立下丰功伟绩的"格洛玛·挑战者"号钻探船在大西洋完成它最后一个航次后于1983年11月返回海港。15年来,它先后进行了96个航次,钻探站位624个,实际钻口970个,钻取岩芯80000多米。通过对其中的16000多个岩芯样品的分析,向人们展示了海洋的历史、古环境、古气候、古生物的演化,验证了海底扩张说的正确性。深海钻探计划硕果累累,揭开了人类认识海洋、认识地球的新的一页。

209. 大洋钻探计划是怎样进行的?

"深海钻探计划"于1983年结束后,作为它的继续和

海洋科教

发展,"大洋钻探计划"从1986年开始实施,参加这项计划的国家有美国、法国、德国、加拿大、日本和英国,每年耗资3250万美元,美国负担大部分,其他国家每年各承担250万美元。大洋钻探已取得了举世瞩目的成就,至1996年已完成了166个航次调查和钻探。最新的钻探研究证明了海底扩张学说和板块构造理论。科学家们通过

大洋钻探示意图

了近两万个沉积层的岩芯样品的分析研究,揭出海洋的历史演变过程,使人们对海洋的形成有了新的认识。如初步查明了洋壳岩石圈的物质组成,根据地震资料和岩芯分析结果,洋壳可以划分出3个明显不同物质的沉积层,即层1为沉积层,厚度0米~2000米(平均厚度约500米),主要由陆源、生物成因、自生和火山物质组成;层2为火山岩层,以玄武岩为主,并夹有固结沉积岩的混合层,其厚度2000米~4000米(平均厚度约为3000米),该层的上部为低钾位斑玄武岩;层3为大洋层,是海洋型地壳的主体,其厚度为4000米~10000米(平均厚度约4500米),推测可能是由辉长岩、角闪岩及蛇纹石化橄榄岩组成。另外,在大洋钻探调查中,还发现了温度约3000℃下

形成的硫化矿床的岩芯,大洋中脊有无沉积物覆盖,是造成热液作用不同类型的主要因素。大洋钻探计划中的每个航次,都有新的发现、新的成果。目前,国际大洋钻探计划委员会已制订了2003—2008年的长期计划。

210. 国际热带大西洋合作调查的内容是什么?

在1963—1964年期间,由政府间海洋学委员会发起并组织实施的国际热带大西洋合作调查活动,先后有9个国家参加。这次调查的范围东起非洲西海岸,西至南美洲东海岸,南北纬度均为18度之间的热带大西洋海区。调查内容包括海洋物理学、化学、生物学、气象学、地质学和地球物理学等海洋学科。现场作业分三期进行,分别动用调查船14艘、11艘和8艘。1973年编辑出版了第一卷国际热带大西洋合作调查海洋学图集,1976年编辑出版了第二卷国际热带大西洋合作调查化学海洋学和生物海洋学图集。另外,还出版了300余部有关物理海洋学的著作和研究报告。

211. 黑潮及邻近水域国际合作研究成果如何?

这是一次由政府间海洋学委员会在1964年的第三届大会上正式通过的对黑潮及邻近水域进行的国际合作海洋调查研究活动,由专门设立的国际协调组负责组织实施。参加的国家或地区有日本、苏联、美国等13个,动用的调查船共73艘,其中日本最多,有27艘参加。现场调查工作自1965年7月开始,每年夏季的6月—7月和冬季1月—3月进行海上调查作业。从1967年以后,一年四季均进行海上调查,直至1977年为止。每人航次的调查资料,按照要求汇总到国际黑潮合作调查资料中心(日本海洋资料中心兼管)。在12年的近500个航次的海洋调查中,获得了大量的海洋水文、化学、生物和地质等基础资料。通过这次合作研究,初步摸清了黑潮暖流主流和各分支的基本特征和变化规律,探索了黑潮变异机制,以及这些变异与海洋生物生态、渔业资源和海洋环境污染等的关系。

国际黑潮调查

212."国际海洋考察十年"解决了什么问题?

"国际海洋考察十年"是20世纪70年代进行的一项长期多学科的国际合作海洋学研究计划,它主要包括环境预报、海床评价、生物资源和环境质量几个方面。它的研究目标是:提供改进环境预报所需要的科学根据;测定大洋底的潜在资源;通过自然环境状况的科学观测,确定世界大洋环境的质量,评价人类活动对环境的影响以及为保护海洋环境而采取正确行动奠定基础的科学根据;通过现代化的和标准的国家及国际海洋资料的收集、处理和分发手段,改进世界范围的资料交换问题;为海洋生物资源的科学利用提供必要的生物过程的基本知识。为了实现上述目标，这期间分别实施了若干项国际合作研究计划，例如地球化学海洋断面研究计划、中大洋动力学实验、北太平洋实验等。参加的国家除美国外，还有法国、加拿大、德国、比利时、意大利、印度、日本等。

船上气象观测

213. 哪国率先实施"深海环境研究计划"？

世界首次将深海生物作为生物技术资源加以利用的"深海环境研究计划"，是由日本海洋科学中心于1990年10月开始实施的。该项研究使用"深海6500"号潜水器等采集深海生物，然后将它放在能模拟深海环境的装置内培养，以便搞清它的生理机能。科学家们还进一步探讨揭开生命现象本质等基础研究领域，从深海微生物中提取用于药品的有用物质及将其用于生物反应、生物传感器的可能性。深海微生物不依赖阳光的光合作用生存，而是把硫化氢、甲烷作为能源，来维持特殊的生态系统，所以，要利用这些深海微生物的生理机能以开发全新的生物技术。该计划耗时8年,费用约为60亿日元。

214. 你知道全球海平面观测计划吗?

全球海平面观测计划是由政府间海洋学委员会发起并协调实施的一项国际海洋科学研究计划,其目的是建立一个全球海平面观测网,以支持如"热带海洋和全球大气"、"世界大洋环流实验"等重大全球性气候研究计划的实施,并逐步使其中某些观测站变成具有实时资料传输的能力,为分析和预报海洋和大气现象提供资料,为解决人类所面临的重大海洋气候问题作出贡献。目前,各国和地区参加该监测网的台站达300多个。该计划是政府间海洋学委员会开展活动较多的一项全球性计划,英国普利茅斯海平面常设局负责监测网资料的汇总和处理。此外,从1985年起还每年为发展中国家举办一期培训班,向发展中国家赠送验潮仪,以提高该计划的全球普遍性。中国自1985年参加这项计划,并定期报送有关潮汐站月平均值资料,同时也获得了部分全球的海平面资料,为进行海平面变化研究提供了极有价值的服务。

航行中的海洋调查船

215. 什么是热带海洋全球大气计划？

热带海洋全球大气计划是一项研究热带海洋及全球大气年际变动的国际合作计划，它的目的是研究南北纬20度跨距的热带海洋和全球大气气候逐年变动，从而确定变动机制及变化预测机制。这项计划从1985年1月开始实施，为期10年，由观测、实时评价、模拟研究三部分组成。观测内容包括全球大气、海气交换和热带海洋三个方面。观测项目主要有降雨量、海面风、风应力、热通量、太阳辐射、海面温度、海面盐度、海面水位、海面粗糙度、表层海流等。鉴于海洋和大气是存在着紧密联系的统一系统，所以，热带海洋全球大气计划有助于提高中长期天气预报的准确性。

216. 世界大洋环流实验是什么时候开始的？

世界大洋环流实验计划从1979年提出，由联合科学委员会和气候变化与海洋联合委员会共同发起，经过多年的筹备，在有关国际组织的积极配合及众多国家积极参与下，于1987年最后确定下来。该计划包括3个核心计划，即全球大洋的描述性研究、南大洋实验、涡流动力学实验。从1990年开始实施，为期10年，头5年为集中观测期，充分利用世界各国海洋调查研究先进技术，包括新一代实验地球观测卫星、观测浮标、自动观测仪器、资料传输网络等，组成一个全球性的海洋观测网。现场观测计划由水文和地球化学观测、卫星观测、现场海平面观测、漂流浮标和表层漂流器观测、定点测流、顺路观测船观测、声学多普勒海流剖面仪观测等7个主要子计划构成。

世界大洋环流实验计划是世界气候研究计划的重要组成部分。气候的长期变化,与全球海洋变化密切相关,但迄今还缺乏较为准确的描述和模拟世界大洋环流的能力,使气候预测遇到困难。目前海洋探测技术,如卫星遥感等技术的应用,为描述和模拟大洋环流提供了可能,因此,世界大洋环流实验计划列入了世界气候研究计划。其主要目标一是发展气候变化预测模式,收集验证模式所需的资料,包括测定热量和淡水的大尺度通量及其五年以上期间的辐射、年度和年际变化的表面通量的响应;测定海洋变化分量及其小尺度的统计特征,其时间尺度为几个月至几年,空间尺度为几千千米至全球;测定影响几十年至100年间尺度气候系统的水团形成、运动及环流等的速率和性质。二是确定对海洋长期变化有代表性的特定数据集,研究大洋环流长期变化的测量方法,包括确定世界大洋环流实验计划特定数据集的代表性;确定对几十年间尺度气候观测系统的连续性所必不可少的海洋学要素、指数和场;发展用于气候观测系统的经济有效的技术。

世界大洋环流实验计划,共有43个国家参加,其技术指导组设在英国,各参加国均设有专门委员会或相应机构。中国参加了这项计划,并于1989年8月在北京设立了世界大洋环流实验计划中国委员会,秘书处设在国家海洋局。1991年2月,世界大洋环流实验中国实验计划被正式通过。同年11月—12月,"向阳红5"号调查船在热带西太平洋海域完成了执行中国计划的首次现场观测任务。

217. 全球海洋观测系统具有什么特点？

全球海洋观测系统是政府间海洋学委员会迄今发起的全球性最大、综合性最强的观测系统。该系统将在现有各专业观测系统，如全球海洋面观测系统、全球海洋站综合观测系统的基础上，通过发展高新技术，如卫星、声学监测等，进一步提高和完善监测手段，为海洋预报和研究、海洋资源的合理开发和保护、控制海洋污染、制订海洋和海岸带综合开发和整治规划等，提供长期和系统的资料，为此，受到广大会员国的普遍响应和支持。该系统今后发展的5大特点是：1. 联网：把现有监测海洋的网络、大洋环流监测网、海洋污染监测网、海平面监测网等联合起来，并加强所获资料的电讯传输能力；2. 补空：选择重点资料空白区域和参数，纳入监测系统；3. 调整：在现有侧重大洋的监测体系的基础上，加强对沿海地区产生重要影响的过程和参数的监测；4. 创新：进一步发展卫星遥感监测海洋网络和计算机模拟技术，提高研究分析

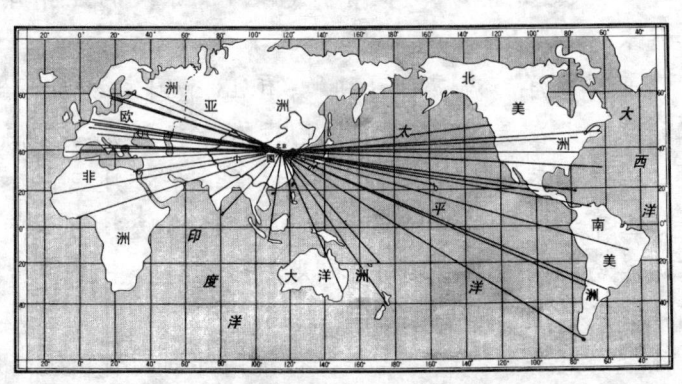

国家海洋局与世界各国和地区交往示意图

水平;5.服务:强调按一致性标准,实时、定期编制和提供海洋各参数的资料产品,服务对象主要是海洋渔业、矿业、污染防治、海岸带管理、科研、海运、海防、全球气候、海洋变异预测等部门。

218. 什么是全球海洋通量联合研究计划?

全球海洋通量研究,是国际上新兴起的一项多学科的海洋科学前沿计划,它的主要研究目标是从全球尺度研究和了解控制海洋中碳以及有关生源要素变异的各种过程,估价其与大气、海底和陆架边界之间的交换,以助于气候和海洋资源的研究。这是一项多学科的基础理论性前沿研究,同时,又是具有重要应用前景和社会效益的研究。它的长远目标是制定一个长期战略,来检测与气候变化有关的海洋生物地球化学循环。中国参与了这项计划,并于1989年初成立了全球海洋通量联合研究中国委员会,统一负责中国计划的制订与实施。中国全球海洋通量联合研究计划得到了国家自然科学基金会的支持。这项计划,对中国参与全球性海洋学研究、开展国际合作、促进海洋科学的发展具有深远的意义。

219. 中国第一份海洋综合调查方案在哪一年制定?

在新中国建国初期,百废待兴,中国的领导人就已经充分认识到发展海洋事业的重要性。在1956年国家科学规划委员会制定的"1956—1967年科学技术发展远景规划纲要(修改草案)"中的第一项内容就是"1956—1976年中国海洋的综合调查及其开发方案"。

这个方案包括在这期间要进行的海洋水文气象、海洋生物、海洋地质和海洋化学方面的综合调查,并在沿海建立水文气象观测台站网,编制海洋图集。方案的中心问题是中国海洋的调查研究及海洋图集的编绘;海洋水文气象预报系统的建立;海洋生物的调查研究及生物资源的开发;有关中国海区交通及国防应用上的海洋问题。在加强专业干部培养方面,确定1962年前以选派留学生和聘请外国专家来华指导为主,在1963年后,以国内培养为主。在12年内各方面需要的物理海洋学干部共约1200人,由山东大学海洋系(山东海洋学院前身)负责培养。

220. 中国现代海洋调查基础实力有多强?

中国自从1960年开始研制"东方红"号调查船,迄今已有40多年的历史了。据统计,到20世纪80年代末,中国已有各类海洋调查船170艘(包括外购的)。如果不算船长不足25米、排水量不到100吨的小型船只,还有大

中国"向阳红10"号调查船

中型调查船63艘,其中排水量万吨以上的有3艘,1000吨～5000吨的有21艘,仅次于美国和前苏联居世界第三位,是一个强大的海洋调查船队。

221. 你知道中国近代第一次多学科海洋调查吗?

20世纪中国海洋科学发展出现的第一个高潮始于20年代末。在这股高潮的推动下,1935—1936年间,当时的国立北平研究院动物学研究所与青岛市政府联合组织了一次以海洋动物为主,多学科的海洋调查。调查区域为胶州湾及其临近海域。参加的人员主要来自动物学研究所、生理学研究所、青岛市观象台海洋科、山东大学生物系和化学系。先后动用的船只有青岛港务局100吨的"赵村"号和"水星"号火轮船。调查为期两年,前后共125天,调查站位共460个,调查以海洋动物为主,并有海洋物理、化学和地质等。理化项目有水深、水文、气温、PH值、透明度、底质等。

这次调查组织得十分成功,成果也十分丰富。共采集各种标本4000多瓶,拍摄照片21幅,绘制地图4幅,出版了385页的采集报告,并发表中外文论文11篇、专著1部。这是中国历史上对局部海区进行多学科调查的开创性尝试,其规模也是空前的。它为中国近海调查方法的形成奠定了基础,尤其在中国海洋生物的研究史上占有重要的地位。与此同时,当时的中央研究院动物所在渤海湾也开展了一次较大规模的多学科海洋调查。

222. 中国首次大规模海洋(渔场)调查是哪一次?

在新中国成立后的50年代初期,中国科学院青岛海洋生物研究室、中央水产实验所和山东大学海洋系、生物系、化学系等单位,为适应国家经济建设的需要,探讨中国近海海洋环境与资源特点,而组织了为期五年的烟威外海渔场的调查。由以上3个单位,并吸收青岛、烟台、旅大(现大连)3个渔业公司组成了黄渤海重要经济鱼类资源调查委员会,童第周任主任,朱树屏、王从人任副主任。3个单位参加的科研人员共34人,调查船有中央水产试验所的"京渔轮"和青岛海洋生物研究室租用的"瑞天轮"。

调查工作历时五年,自1953年开始,1957年结束,每年渔汛期(4月—6月)进行现场调查。调查目的是试图摸清渔场的自然环境条件与渔汛的关系;鱼群的生理条件与渔汛的关系;鱼群的群体组成与资源利用情况。这次调查最终达到了预期的目的,其成果获1956年中国科学院科技进步二等奖。这次调查为建立适合于中国海的调查方法,培养海洋科技队伍打下了基础,为中国开展更大规模的海洋调查积累了经验。

223. 中国第一次大规模海洋综合调查成果如何?

中国第一次大规模海洋综合调查也称"全国海洋普查",是1956年制定的"国家12年科学发展远景规划"中的"中国海的综合调查及其开发方案"落实的重要内容。这次调查由国家科委气象海洋组领导,有中国人民解放军、中国科学院、水产部、高教部、交通部、中央气象局等系统的60多个单位参加,动用科技人员600多人,船只50多艘。全国海洋综合调查领导小组由律巍任组长,赫崇本、曾呈奎、王云祥任副组长。

这次全国海洋综合调查分渤黄海、东海和南海3个海区进行,共设83条断面,570个大面观测站。从1958年9月至1960年6月分别对整个海区进行每月一次的大面调查;对底质、底栖生物和悬浮体进行了每季一次的调查;同时,在327个代表性测站进行每小时一次的昼夜连续观测。通过全面系统的综合调查,取得中国近海各海区的海洋物理、化学、地质、生物、气象的时空变化基本资料及其分布变化规律。这次调查达到了开发海区自然资源、进行海上国防建设、发展海上交通、建立水文气象预报与鱼情预报系统以及为进一步开展海洋科学研究服务的目的。

海洋调查成果资料

这次海洋调查共出版了10册《调查与计算资料》,刊载观测纪录11600多站次的各种调查与计算数据;出版27册《海洋图集》与《中国近海潮流图》,共收入各种分布图及其变化情况图 3208 幅;出版 10 册《海洋研究报告》,揭示与探讨了各种调查要素的分布、变化的基础规律;出版了 1 册《海洋调查暂行规范》和 3 册《海洋渔捞海图》。这次调查无论从规模、力度和取得的成果上都称得上是中国之最,也为中国的海洋事业锻炼和培养了大批海洋科技人才,积累了丰富的经验。

224. 中国首次海洋地质调查是哪一次?

在 1958 年 9 月至 1960 年 6 月期间,中国开展的大规模全国海洋综合调查,其中对海洋地质的调查,是中国首次对其领海进行的地质调查。这次地质调查的负责人是中科院海洋所的秦蕴珊。此次调查系统地对渤海、黄海、东海与南海开展的,调查范围为黄海、东海,调查区限于东经 124 度以西,南海调查取样面积仅为南海面积的九分之一左右,最大水深为 200 米。调查的内容包括海底地形、悬浮体、沉积物的粒度组分、矿物组分、化学组分。这次调查结果形成了《中国近海海底地形及海底沉积物的分布》报告,这是中国海洋地质调查的最原始的基础资料,具有重要的科学价值与使用价值。

225. 你知道中国的大陆架调查吗?

根据《联合国海洋法公约》,属于中国管辖的大陆架面积约 300 万平方千米,相当于中国陆地面积的三分之一,蕴藏着丰富的生物与非生物资源,是中国国民经济发展的重要物质基础。为了保护海洋环境,合理开发利用和有效管理大陆架资源,几十年来,中国投入了大量人力、物力,开展了一系列调查研究。按时间顺序大致分为

3个时期,即20世纪50年代—60年代,为近海概查时期,调查活动基本集中于内陆架海域;20世纪70年代—80年代,为系统调查研究时期,调查范围扩大到整个陆架区,项目比较齐全,是全面科学知识积累的重要阶段;20世纪90年代以来,为深化和提高时期,是陆架调查向深层发展的阶段。3个时期中主要综合性大陆架调查研究有:全国海洋普查(1957—1960年)、渤—黄—东海陆架地质地球物理综合调查(1975—1980年,1984—1985年)、南海地质地球物理综合调查(1973—1984年,1983—1985年)、中国邻近海域勘查与资源远景评价(1991—1995年)和南海西北部海洋环境与资源调查(1994—1995年)等。

国家海洋局各分局和研究所,在1975—1980年和1984—1985年期间,先后对渤海、黄海和东海等海域,进行了地质地球物理调查,撰写出综合调查报告3卷,编绘出各类图件约200幅,其中包括《渤海、黄海、东海海洋图集》,1∶100万比例尺的东海地形图、地貌图和沉积物类型图,《东海海洋地质》等专著。

中国科学院南海海洋研究所于1973—1978年、1979—1982年和1984年,分别对南海东北部和南部,以及西沙、中沙附近海域开展了综合调查,编写出版了调查报告和系列图件。国家海洋局二所与南海分局,于1983—1985年和1994—1995年,分别对南海中部和西北部进行了综合调查,撰写综合调查报告100余万字,编绘各类图件530余幅。

国家海洋局、中国科学院、地矿部和教育部系统的10多个研究所,于1991—1995年,对邻近海域进行了调查研究，重点是海洋自然环境与演化特征，生物资源的种类分布与资源总量，以及油气资源类型与远景储量等，撰写出专题研究报告26卷，综合报告10卷，编绘出邻近海域自然环境与资源等系列图件近百幅，并建立起邻近海域海洋数据库与文献库等。

在此期间，还进行过大量的专项调查研究，主要分3个方面：以油气等矿产资源为目的专项调查，查明中国近海有12个新生代盆地具有油气远景，油气区可分成3个大类，13个亚类。发现61个含油气构造，评价评实12个油田，2个气田；以科学为目的的专项调查，如中美东海海洋沉积作用过程联合调查，中法长江口生物地球化学作用合作调查，中德南海地球科学联合调查，中日黑潮合作调查以及中韩黄海水循环动力学合作调查研究等；以海洋工程为目的的专题调查，如中日海底电缆路由调查；中美海底光缆系统路由调查，东海陆架输油管道路由勘测，珠江口海洋工程地质调查和东海西部凹陷海洋工程地质调查等。

226. 中国首次海洋科学国际合作调查是哪一年？

在中国海洋科学发展史上，人们清楚地记得，在1957年12月，根据莫斯科太平洋西部四国渔业研究委员会第二次会议的协议，前苏联政府派遣其渔业调查船"宝石"号和中型拖网渔轮"CTP-4347"号于1957年12月18日抵达青岛，参加东、黄海越冬渔场资源的调查工作。

这次合作调查除了前苏联方面的生物学博士维金斯基为首的9名科技人员外，朝鲜民主主义人民共和国和中国南海水产研究所金德庆所长也一并参加。中、苏、朝三国科技人员联合黄海、东海调查分别进行了两个航次的底栖生物、浮游生物、水文、化学和海洋物理等的调查，了解了海况的变化和鱼类的分布情况。对黄海越冬渔场鱼类进行了试捕，查明了鱼类的饵料种类、底栖生物和浮游生物的分布及其对海洋鱼类移动的影响。在东海调查中确认了小黄鱼和其他经济鱼类的越冬渔场，为渔业生产提供了极大的帮助。该次合作调查于1958年3月22日结束，这是中国首次海洋科学国际合作的调查。

227. 中美首次大规模海洋科技合作进行了什么研究？

由中国国家海洋局牵头与美国海洋大气局联合对长江口——陆架海洋沉积作用联合调查研究于1980年6月开始，1983年春结束。这次较大规模的以现代沉积作

中美长江口沉积作用考察

用为中心的海洋学联合调查，中方参加的有国家海洋局、

中国科学院、地质矿产部、国家教委、交通部等18个科研、教学、生产单位百余名科技人员,首席科学家为金庆明、苏纪兰。美方有海洋大气局等15个教学、科研机构的30余名科技人员参加,首席科学家是米里曼博士。通过近三年的联合调查研究,对长江口固体物质和溶解物质向东海的输出及其变化、沉降区和沉积速率、长江口冲淡水的影响范围和与海水混合的状况、长江口外陆架区海底沙波地貌和古河谷等问题上取得了新的进展。

228. 中国高校首次海洋国际合作调查是哪一次?

由中国山东海洋学院(现中国海洋大学)与美国俄勒冈州立大学、路易斯安那州立大学、弗吉尼亚海洋研究所以及加拿大地质调查局太平洋地质中心联合进行的

中国海洋大学与美国俄勒冈州立大学进行合作考察

渤海中南部和黄河口海区沉积动力学调查研究,开创了中国高校独立开展海洋国际合作调查的先例。

本次合作调查中方首席科学家是山东海洋学院的杨作升教授,美方首席科学家是俄勒冈州立大学的凯勒教授,历时三年,于1985年5月开始,1987年10月结束。共进行了3次联合海上综合调查,航程累计3000千米,122个大面站,20个昼夜连续定点观测站,动用船只"东方红"号、"黄河86"号等。这次对该海区的沉积物的运动现象、形成机制及其变化趋势等都有了新的认识和发现,并为浅海油气开发工程建设提供了重要的科学依据,其研究成果受到国内外海洋学家的高度重视。

229. 海峡两岸科学家第一次合作进行海洋调查是哪一年?

1993年8月12日—16日,海峡两岸科学家在厦门举行的"台湾海峡及领近海域海洋科学讨论会"上,决定进行南海东北部海区环流合作调查研究,得到了国务院台办的批准,国家自然科学基金委员会给予资助。这项调查的目的在于通过外业调查和合作研究,阐明东沙群岛附近西南或西向流的来源和原因;南海环流的形成机制;南海东北部深层水的更新速率及其水化学特性;南海环流及峰面的结构、变异和季节变化;南海东北部核素和同位素含量分布、变化及总环境的关系。

合作调查采用准同步观测方式。国家海洋局南海分局的"向阳红14"号、福建海洋研究所的"延平2"号、台湾大学海洋研究所的"海研1"号和"海研3"号共4艘海洋科学调查船,执行这次海上外业调查任务。"向阳红14"号于1994年8月30日至1994年9月13日,在北纬18度至北纬23度、东经113度至东经120度范围内布设了95个测站;"海研1"号于1994年8月28日至1994年9月10日,完成巴士海峡两侧的外业调查作业;"海研3"号则以高雄为基地,于1994年8月29日至1994年9月7日,分3个航次完成台湾浅滩及澎湖水道一线的外业调查作业;"延平2"号按计划完成台湾海峡南部海区的外业调查作业。这次合作调查1994年8月下旬开始至9月中旬结束,所调查的是中国近海海洋学研究较薄弱的区域。此次合作调查研究,填补了该区域研究项目的空白或不足,成为海峡两岸科学家的第一次合作海洋调查。

230. 中国海岸带和海涂资源综合调查是什么时候?

中国海岸带漫长,海域辽阔,沿海滩涂地势平坦、气候温和、河口众多、水质肥沃、资源丰富,是发展海水养殖业的良好地带,具有很大的综合开发利用潜力。为了有效地开发利用海岸带和海涂资源,在1980年至1986年的六年间,中国的国家科委、计委等15个部委局及沿海10个省、市、自治区的500个单位,15000多名科技工作者,在18000多千米,面积达35万平方千米的海岸带一线,进行了包括水文、气象、地貌、土壤、植被、林业、生物、海化、环保、土地利用、社会经济等专业的综合调查。通过调查,取得了大量的第一手资料,形成科技档案上万卷,整理的《调查资料汇编》130卷,以及其他多种图集的报告。

通过这次调查,提高了人们对海岸带开发利用的认识，为经济建设提供了丰富的科学依据，为各种规划提供了基础资料，同时，还取得了显著的经济效益，为中国海岸带科学研究开拓了广阔的领域和美好的前景。

调查资料成果汇编

231. 你知道中国海岛资源综合调查吗？

中国海岛资源综合调查与开发试验是国家重点项目，于1988年1月开始实验，1995年12月结束。这一大型项目是国家科委等5部委局和沿海14个省、市、自治区统一组织和协调，由100多个单位的13400多人参

海岛鸟瞰

加，先后完成了海上和陆上观测断面共3545条，观测站（点）45677个，航程686600多千米，调查面积约20万平方千米，共获得各类原始数据1841万个，各种标本88万个。

该项目完成后，编写出版了各种调查报告、专业报告约54万字，资料汇编2500余册，档案上万卷；建立了数据库、档案库等；还建立了6个国家级开发试验区和一批省市级开发试验区；基本查清了全国海岛数量为6961个，以及它们的面积、位置、海岸线长度、岛区海洋环境和气候情况，为海岛资源的开发利用提供了科学的依据；取得了很好的社会效益和经济效益。本次调查的资料和成果在实际工作中得到了广泛的应用。

232. 你知道中国科研人员对南沙群岛进行的科学考察吗？

中国科学院、国家海洋局等20个科研单位，从1984年起，历时15年，对南沙群岛海区进行了海洋科学考察。这次考察共完成了22个航次，航程10万多千米，测站1000多个，出版专著、论文集等48部，为维护中国在南沙群岛的主权作出了应有的贡献。考察发现，在北纬12度以南，有面积为508平方千米的岛礁，这些岛礁是中国领土的一部分，其中的一些岛礁中蕴藏着丰富的资源，除油气、海洋生物资源外，还有岛屿植物资源、岛粪土壤资源以及水、太阳能、温差能和旅游资源。根据地理调查资料，在南沙群岛岛礁区和陆架区油气资源估算储量为1339.9亿吨。通过南沙群岛西南部陆架海域的调查，发现了4个主要渔场，现存资源量为60.6万吨。

除资源调查外,科研人员还进行了8个专题的环境科学调查研究,其中,对南沙岩石圈结构、地壳结构与动力学特征,提出了一些新的观点和认识,其研究成果被国外专家认为达到国际领先水平。在对动植物的研究中,发现海洋生物61个新种和中国新纪录347种。此外,还建了南沙群岛信息数据库,为今后研究工作提供了丰富的资料。

233. 中国大洋多金属结核开发进度如何?

对大洋多金属结核的调查与开发是海洋资源开发利用的重要组成部分,也是国家综合技术实力与海洋科技水平的重要体现。自从中国"向阳红5"号调查船1976年至1978年间,在赤道太平洋进行综合海洋调查时,在水深3000米～5000米的海底采集到多金属结核(锰结核)以来,中国便开始了大洋多金属结核的调查勘探工作。在1983年至1989年期间,国家海洋局和地矿部等部门,先后派出"向阳红16"号和"海洋4"号调查船,在太平洋赤道水域、中太平洋海盆和东太平洋进行了8个航次的调查研究,取得了大量的数据、资料和样品,圈出了足够商业开发价值的30多万平方千米的远景矿区。1991年,联合国海底筹委会批准了中国的矿区申请,将其中15万平方千米的区域分配给中国作为开辟区,另一个15万平方千米的区域作为国际海底管理局的保留区。

在1992年至1995年期间,通过"向阳红9"号、"海洋4"号和"大洋1"号,对中国已经开辟并取得综合勘探结果的基础上,从15万平方千米中又圈定10.5万平方千米作为"八五"规划规定的多金属结核勘探的储量目标,并使中国大洋多金属结核的勘察能力和总体技术水平逐步接近和达到世界先进水平。

在1997年至2000年期间,中国大洋协会根据"九五"规划的勘探总体设计,结合采矿和选冶项目的要求,重点做好10.5万平方千米范围内的多金属结核资源的勘探,完成50%区域的放弃工作,

海洋调查船在海上作业

同时,根据环境基线及其自然变化的要求,开展中国开辟区的物理、化学、生物和地质环境基线调查。同时,还对富钴结壳、多金属硫化物、天然气水合物、深海生物基因资源开展了探索性调查与研究。为完成上述任务,"大洋1"号、"海洋4"号又进行了4个航次的海上勘探与调查工作。其中包括光学测量、深拖光学剖面调查、环境基线调查、结核拖网取样、自返式抓斗取样、箱式取样、有缆抓斗取样、大型重力活塞取样、地球物理剖面调查、多波束地形补测等。

234. 中国为什么要启动新一轮大规模海洋调查？

我国新一轮大规模"近海海洋综合调查与评价"，业内人士称它为"908 专项"，于 2003 年 9 月获得国务院批准立项，并由国家海洋局组织实施。该项计划自 2004 年开始至 2009 年完成。它的任务是：2004—2007 年开展我国"近海海洋综合调查"工作；2005—2008 年进行"近海海洋综合评价"工作；2005—2009 年进行"近海'数字海洋'信息基础框架构建"工作；将于 2009 年全部完成专项工作任务。

本次大规模海洋调查起因是，新中国成立以来我国于 1960 年进行过第一次"全国海洋综合普查"，于 20 世纪 80 年代进行过第二次"全国海岸带和海涂资源综合调查"。这两次调查的主要不足，一是调查技术落后，资料精度低、数量少；二是调查海区主要集中在沿岸区域，仅占近海区域的 40%；三是 20 多年来我国近海资源和环境状况发生了重大变化，原有大部分数据仅可作为今后的对比资料，无法正确反映目前我国海洋环境的基本现状。一般来说，发达国家近海调查周期在 5～10 年左右，而我国近海海洋基础数据资料已经接近或超过 20 年。因此，尽快开展我国近海海洋综合调查，对我国近海区域的环境状况、海域使用和社会经济学状况作出评价，就势在必行了。

235. 中国新一轮大规模海洋调查的重要意义是什么？

启动于 2004 年 9 月的国家"908 专项"计划，国家投入总经费高达 19.8 亿元，它的具体任务是：我国的海岛和海岸带调查、地面(包括陆地和相关海域)实测任务、海域使用现状调查、沿海地区社会经济基本情况调查、近岸海域化学和生物生态调查、新型潜在开发区评价和选划以及我国近海"数字海洋"信息基础框架建设和沿海省(自治区、直辖市)业务应用分系统建设等。

该计划的启动与实施,对于全面筹划我国海洋综合调查与评价工作,彻底摸清我国海洋家底及其变化与趋势,为优化现行海洋功能区划,制订海洋保护规划,促进我国海洋经济健康、稳定、可持续发展,实施海洋强国2020年阶段性任务、目标和措施提供技术支撑和科学依据。这对推动我国迈向海洋强国具有重要的现实意义和长远的历史意义。

海洋科教

世界海洋科研教育

236. 你了解联合国教科文组织吗？

联合国教科文组织的标志

联合国教科文组织是联合国专门机构之一，也是一个有关海洋科学研究的重要国际机构，成立于1946年11月，现有193个成员国，中国是创始国之一，其总部设在法国巴黎。其宗旨是促成各国间教育、科学和文化合作，维护和平与安全，促进对正义、法治及联合国宪章确认的人权和基本自由的普遍尊重。它在科学方面的任务是，通过建议签订的国际公约，促进各种研究计划的制订与执行；鼓励科学家和科学资料的交换；加强各国的基础科学机构和区域合作，以不断地增加和广泛传播科学知识。该组织的主要机构有大会、由58个成员国组成的执行局和秘书处。秘书处设若干司，其中有关科学方面的有5个，海洋科学司是其中之一。此外，联合国教科文组织还下设一个独立机构，即政府间海洋学委员会和若干区域办事处。

237. 政府间海洋学委员会是干什么的？

1960年成立的政府间海洋学委员会，是联合国教科文组织负责政府间海洋科技事务的组织，它的任务是促进和协调国际海洋科学、海洋服务、海洋资源开发利用和海洋环境保护，以及加强各国的海洋科研能力，促进国际交流与合作，现有成员国118个。该委员会由大会、执理

海洋科教

会(执行理事会)和秘书处组成,总部设在法国巴黎。大会是最高权力机构,每两年举行一次。执理会由主席、4名副主席和29个执理国组成。秘书处在大会和执理会的指导下负责日常工作。政府间海洋学委员会下设西太平洋和加勒比两个分委员会和印度洋北、中、西部地区委员会、南大洋地区委员会及东大西洋中部地区委员会。此外,还设有科学和技术委员会,包括海洋过程与气候委员会、海洋环境污染全球调查委员会、联合全球海洋服务系统、国际海洋资料和情报交换委员会,以及训练、教育和相互援助委员会。

西太平洋分会会议

政府间海洋学委员会的业务计划包括海洋科学计划、海洋服务计划以及训练、教育和相互援助计划。海洋科学计划的目的在于发起、组织对海洋现象进行调查与研究,从而达到了解海洋、认识海洋,为利用和保护海洋提供科学基础。已经进行和正在进行的科学计划有:热带海洋和全球大气计划、世界大洋环流试验计划、海洋科学与生物资源计划以及海洋科学与非生物资源计划等。海洋服务计划的目的在于为海洋科学研究提供有效的手段,如全球海洋观测系统和全球海平面观测计划。训练、教育和相互援助计划包括对高、中级海洋学家和海洋技术人员进行培训,为海洋科研培养称职人才。

238. 国际海啸警报中心何时建立?

国际海啸警报中心是太平洋海啸警报系统的中枢机构。它是由政府间海洋学委员会于1965年建立的。职能是与各区域海啸警报系统及各地震台和验潮站保持经常而有效的联系;及时处理来自各方面的资料和情报要求;发布海啸警报与有关资料。如果海啸已经发生,它就向各国及时地报告海啸到达时间。这个中心的业务工作,主要是由美国国家海洋大气局和国家天气服务局的火奴鲁鲁观测所承担。

239. 国际科学联合会理事会的主要任务是什么?

国际科学联合会理事会的前身是国际研究理事会,创立于1919年,1931年改为现名。其主要职能是协调、促进国际科学联合会的活动,担当国家附属机构的协调中心,鼓励国际科学活动,以及和联合国专门研究机构与有关部门保持联系等。该理事会出版通报(季刊)、年鉴和其他各种报告等出版物。

240. 你知道海洋研究科学委员会吗？

1957年由国际科学联合会理事会创建的海洋研究科学委员会,是联合国教科文组织和政府间海洋学委员会的一个科学咨询机构。其宗旨是促进所有海洋研究部门的国际科技活动;组织有关人员讨论国际合作中的重大问题和国际海洋开发规划的项目;与其他对海洋研究感兴趣的国际组织合作,评议联合国教科文组织关于开发利用海洋的问题。会员分为指定会员、代表会员和特邀会员三类。指定会员由成员国任命,代表会员由国际学术团体或组织中产生,特邀会员是执委会邀请的海洋学专家。1985年,中国正式参加该委员会。海洋研究科学委员会的活动范围广泛,涉及海洋研究的各个学科。它的许多具体业务工作由其各种工作组来执行,到1984年为止,已成立的工作组有70多个。为了促进国际海洋研究工作的发展,该委员会长期以来坚持与许多国际政府间和非政府间组织机构的合作,曾先后发起并组织实施了国际印度洋考察、全球大气灾难计划、国际波罗的海污染调查科学实验计划,并定期地召开海洋学讨论会。其总部设在英国苏格兰,工作语言是英语和法语,出版物有《海洋研究科学委员会会议录》。

241. 你知道国际水道测量局吗？

1921年成立的国际水道测量局,是政府间的国际组织,总部设在摩纳哥。它的主要目的是促进各海洋国家水道测量部门之间的合作,协调它们的工作;尽最大可能使海图和航海文件一致化;采纳和利用可靠有效的方法进行水道测量;促进水道测量科学的发展,介绍海洋科学技术。主要业务工作是:推动和实现航海图书标准化;编制国际成套海图;制订水道测量技术标准和相应的训练大纲;建立潮汐资料库;设立无线电导航警告机构;编制海洋水深图;用英、法文出版定期的和专门的技术刊物,介绍和推广水道测量及制图新方法;促进各海洋国家之间免费交换海图和水道测量资料。到1982年为止,该组织有成员国50个,中国是缔约国之一。其工作语言为英语、法语,主要出版物有《水道测量月报》和《国际水道测量评论》。

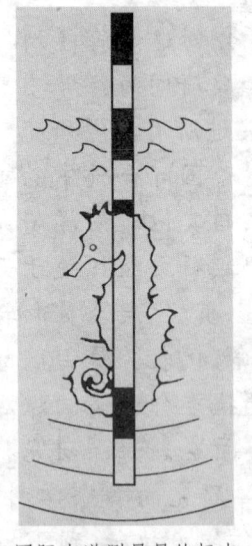

国际水道测量局的标志

242. 国际海底管理局管什么?

1983年2月,根据《联合国海洋法公约》设立的国际海底管理局,是代表全人类管理国际海底区域及其资源的国际机构。它下设大会、理事会和秘书处,另设企业部,直接进行矿物勘探、开发、运输、加工和销售业务。大会由全体缔约国组成,是最高权力机构,理事会由36名成员组成,负责制定有关政策,监督协调有关规定的实施情况,向大会提出和推荐有关人选,向企业部发出指示,审查其报告和工作计划。理事会下设经济规划委员会、法律和技术委员会。秘书处由秘书长和一名秘书组成。企业部设董事会、总干事和若干工作人员。

243. 国际海事卫星组织的作用是什么？

1979年7月成立的国际海事卫星组织，总部设在伦敦，其职责是组织非军事海事通信网，促进海上船舶与岸站无线电通信业务的发展，保障船舶航行的安全，并提高效率。截至1991年，该组织已拥有投资国55个。中国于1980年5月加入。这个组织拥有8颗通讯卫星，分别位于大西洋、太平洋和印度洋上空地球同步

国际海事卫星组织的标志

轨道，向8400多艘船舶、陆地移动目标和飞机提供直拨电话、电传、传真和数据通信服务。

244. 北太平洋海洋科学组织有哪些会员国？

从1987年开始，中、美、加、日、苏5个缔约国就成立北太平洋海洋科学组织问题多次磋商，对该组织的公约草案进行了反复讨论，并于1990年12月12日在加拿大渥太华制定完毕，随即加拿大、美国和日本签署并核准了公约，中国也分别于1991年10月22日和1992年8月31日签署和核准了公约。根据公约规定，半数以上缔约国核准公约即可生效。该组织的任务是：促进和协调本区域海洋研究，包括海洋环境、海陆海气间的相互作用、海洋生物资源及生态系统、海洋资源的开发利用对海洋的影响，提高对北太平洋区域及其生物资源的科学认识，以及促进该区域的海洋科学资料收集与交流等。该组织的

决策机构为理事会,由各缔约国派两名代表组成,秘书处设在加拿大海洋科学研究所。理事会下设两个委员会(科学委员会和财务委员会)、4个专业委员会和6个工作组。该组织每年开一次年会,除正式成员国还邀请一些国际组织参加,对此区域感兴趣的国家也可派观察员列席会议。

245. 你知道国际海洋研究所吗?

1972年在马耳他大学成立的国际海洋研究所,是一个国际海洋科学研究的民间组织,它以世界大洋和平利用问题的研究而著称,主要从事海洋和平利用涉及的科学、技术、经济、生态、法律等问题的研究,评价各种有关复杂问题的相互关系,提供相应的政策建议。其成员有来自美国、英国、法国、日本等18个国家的海洋学家、律师、外交官、经济学家等。研究所下设管理会、计划理事会和董事会。主要出版物有《海洋年鉴》,还有《国际海洋研究所通报》。

246. 太平洋海洋环境实验室的贡献如何?

美国国家海洋和大气管理局所管辖的10个环境研究实验室中,有一个是太平洋海洋环境实验室。它所进行的科学研究包括物理海洋学、化学海洋学、地质海洋学、海洋气象学,以及与国

太平洋海洋环境实验室标志

家海洋大气局保护人类健康安全和开发海洋资源等职能有关的其他学科。这个实验室有22名研究人员,90名科研辅助人员,设有4个研究室,分别是海洋评价研究室、海洋资源研究室、海洋服务研究室和海洋气候研究室。这个实验室拥有的现代化大型设备和设施主要分为工程类、计算机类、化学类三类。

近几年来,这个实验室进行的科学实验和取得的科学研究成果主要有:在俄勒冈外海南约安德富卡海脊扩张中心,发现了短暂而大量释放出的热液;最早开始在赤道太平洋布设了一个疏而宽的锚泊表层海流计阵;研制出低成本锚泊卫星转发测温链系统;研制生产出船用氟利昂分析系统;开发出预报海冰生成和河口波浪的模式等。

247. 中国国家海洋局组建于何时?

在20世纪60年代,世界发达国家的海洋科学技术发展已达到历史空前兴盛时期,面对世界发展潮流和中国国民经济建设和国防建设的发展需要,1963年5月,在青岛参加中国海洋科学十年发展规划的29名国家科委海洋专业组专家联名上书中共中央、国务院,建议成立国家海洋局,以便统一管理协调国家的海洋科技工作。时任国家科委主任的聂荣臻同志于1964年1月4日写信给中央书记处书记邓小平同志,如实反映了专家的建议,同年2月11日,中共中央同意在国务院下设国家海洋局,齐勇为国家海洋局局长,刘志平、周绍棠为副局长。

国家海洋局成立以后,先后在青岛、上海、广州建立了北海、东海、南海三个分局,作为国家海洋局的派出机构。各分局辖一个调查船队和若干个中心海洋站、监测站。又分别在青岛、杭州、厦门组建了综合性的第一、第二、第三海洋研究所,在天津组建了海洋科技情报研究所、海洋技术研究所和海水淡化与综合利用研究所,在大连建立了海洋环境保护研究所,在北京建立了海洋发展战略研究所、海洋环境预报中心和海洋出版社等。

中国国家海洋局外景

248. 美国海军海洋学局的任务是什么?

1962年成立的海军海洋学局是美国海军辖属的一个职能部门,它的任务是为国防和海军作战的需要,搜集和分析整理资料。他们使用舰船、飞机、航天飞机、人造卫星及其他载体和仪器平台,观测从海面至3000米高空,搜集有关海洋学、水文学、重力、磁力、大地测量、导航和水声学方面的资料。其业务主要分为5大类:海洋测绘、海图绘制和海洋大地测量;海洋学调查;舰队应用活动;海洋工程活动;作战任务支援。全局现有人员1200名,拥有12艘海洋调查船、3架飞机,用于世界范围的海洋学和水文学调查。该局还配备有最新系列高速电子计算机,用于科研、资料处理和日常管理。海军海洋学局的历史,可追溯到1830年,当时它只是一个向海军提供海图和航海仪器的供应站,1962年水道局经改组和调整,就正式成立了现在的海军海洋学局。它取得的主要成果有:连续进行代号为"深冻行动"的南极考察,编制出第一部当代海洋测深图,发明了世界第一台深海声学测深仪,连续出版了《海员须知》等。

249. 美国海军海洋研究与发展中心的特色是什么?

1976年成立的美国海军海洋研究与发展中心,是一个从事海洋环境研究与发展的研究基地,隶属于美国海军研究局,现已发展成为一个多学科、全方位、综合性的海洋科学与工程研究机构。它应用当代先进技术进行深入的海洋环境研究,以支持海军的海上作战、舰载武器系统和通信系统的研制,以及海洋环境监测。该中心现有人员400名,都是出色的海洋学家、物理学家、科学管理专家和工程师。该中心下设两个部:海洋声学与海洋技术部、海洋科学部。两部下设8个研究室,分别是数字模拟室、海洋声学室、海洋技术室、计算机应用室、海洋遥感预报室、制图测绘与测地室和海底地质室。该中心的基本任务是广泛开展有关海洋科学与海洋技术的基础研究设备的研制、测试及鉴定等方面的工作,重点是通过测量和分析,了解海洋过程和海洋环境对海军系统和海上作战的影响。它们利用海军舰船、飞机和卫星作为仪器平台，有时，还利用其他科研部门的调查船搜集海洋资料。其所采用的仪器设备，有许多是自己设计制造的，其中有一些仪器设备所采用的技术，还是当代最先进的。这些仪器设备中，包括扫描电子显微镜、X光衍射仪、计算机设备、对话式数字卫星资料处理系统、造波设施等。该中心自成立以来，完成了许多科研项目，主要有：研制出磁性扫雷环境系统、极地海冰冰情预报系统、大洋环流的实时预报系统和机载测深系统等。

250. 美国海军海洋学与大气科学研究所实力如何？

1989年10月成立的美国海军海洋学与大气学研究所，是美国海军的重要研究部门之一，它的主要任务是：从事海洋科学方面的综合研究、技术开发、测试和鉴定；海洋声学研究；大气科学研究；测绘制图与大地测量；相关技术研究。该所下设3个部：海洋声学技术部、海洋科学部和大气科学部。该所获得的主要科研成就如在数值声学模拟方面取得了重大进展，还设计研制了许多用途广泛的科研设备，如北极系统、组合式宽孔径基阵、自动记录声呐基阵。利用现场海洋观测资料和卫星遥感资料，通过数字流体动力学模型，可对海洋动力学状况进行定量分析。研制和更新的各种大气预报系统，在海军舰船上和陆地上得到广泛应用。改进的磁场模式，极大地改善了导航能力和非声学传感器的性能。还研制出海底照相系统等。

251. 世界最著名的海洋研究所是哪一个?

斯克里普斯海洋研究所是世界最著名的海洋研究所之一,为美国三大海洋研究所之首。它的前身是1903年成立的生物协会,1912年更名为生物研究所,隶属于加利福尼亚大学,1925年改为现名。这是一所综合性海洋研究所,有工作人员1200名,科研人员225名,海洋技术辅助人员和管理人员610名,调查船和海岸设备人员185

斯克里普斯海洋研究所的标志

名,博士研究生185人,每年经费预算7000万美元。该所设有海洋生物研究室、海洋生命研究组、海洋物理实验室、神经生物站、大洋研究室、生物学研究实验室、近海研究中心、地质研究室和气候研究组。

研究所的主要研究活动:海洋生物研究室,主要从事海洋动物、植物和细菌的分子、生物化学、生理学和生态学特性的研究。海洋生命研究组,主要研究对加利福尼亚经济有重要影响的加利福尼亚海流的物理、化学和生物的长期大范围不稳定的原因。海洋物理实验室着重研究海洋声学、研制声学仪器,还研究海底地质和地球物理、海洋动力学、信号处理和海洋技术。神经生物站是海洋生物医学计划的一部分,包括4个专业实验室。大洋研究室,从事包括物理海洋学、气象、海洋化学和鱼类的生理电学等多学科的研究。生物学研究实验室,主要研究水生和陆生动物的行为、生理和生化适应性。海岸研究中心由海岸发育研究组、水力学实验室和海洋考古组组成,致力于研究影响近海环境的过程,其中包括流体与沉积物间的相互作用。地质研究室的工作有:研究古海洋学、古气候学、有关地震预报的地质化学、海洋沉积物的物理特性。

研究所的主要设施和仪器设备有:海洋调查船5艘("罗杰·雷维尔"号、"梅尔维尔"号、"新地平线号"、"EB·斯克里普斯"号和"T·华盛顿"号)、一个浮动式海洋仪器平台、一个海洋研究浮标、各种先进的分析仪器设备、两个研究用的水族馆、潜水设备、水力学实验室(内有风浪槽、双层流槽、波浪/潮汐池等)、海洋仪器设备研制和装配车间、生理学研究实验室水池设备、WWD 广播电台(为该所、国家渔业局及其他政府和大学的船只提供世界范围的通信服务)、卫星海洋学设备、海水供应系统、图书馆(是世界上最大的海洋科学图书馆,藏书20万卷以上)、斯克里普斯栈桥(长305米,作为连续观测、采集资料和科研工作的平台),此外,还有许多固定设备,如斯克里普斯码头、圣维康特湖校准室、岩石学实验室等。该所的特藏品种有:底栖无脊椎动物、深海钻探计划岩芯库、地质岩芯库、地质资料中心、海洋植物藏品、海洋无脊椎动物、海洋学资料档案等。

252. 伍兹霍尔海洋研究所的科研实力如何?

创建于1930年的伍兹霍尔海洋研究所,是美国三大海洋研究机构之一,共有工作人员850名,科学技术研究人员约200名,设有5个专门研究室:生物、化学、地质和地球物理、物理海洋学、海洋工程研究室,还设有教育学院、海岸研究中心、海洋勘探中心、海洋政策中心、海洋补助金计划。

  研究机构有生物研究室,主要研究各种海洋生物的生命过程和分布,它们之间的相互作用;化学研究室,研究海洋动物、海水、沉积物以及化学流量在海洋环境中的化学性质;地质和地球物理研究室,主要研究海洋盆地和大陆岩浆的成因;物理海洋学研究室,主要研究目标是描述和解释大尺度范围内发生的海洋运动;海洋工程研究室,下设4个组,主要任务是研制各种新仪器和改进已有的仪器设备,有研究人员约100名。该室在传感器研制和技术支援方面,居世界领先地位,是世界科学研究领域的一个中心。海岸研究中心,目前的4个研究课题是:全球变化对沿海的影响;沿岸海洋的吸收能力;研制近海研究计划使用的各学科的新型仪器;集中研究沿海环境中心基础科学。海洋勘探中心,建于1986年,其目的是为促进包括深海无人管理系统在内的新技术的发展。目前也有4个课题:为深海勘探提供先进的经济效益好的工程技术;为海洋考古学家和社会科学家提供研究深海历史的技术设备;增强对海洋环境的普遍了解;刺激对工程和自然科学事业的兴趣。海洋政策中心,研究人员从事专门的学科和大范围学科间的研究计划。海洋补助金计划,是国家海洋大气局国家海洋补助金学院计划的一部分,支援若干个课题。教育学院,主要任务是培养海洋科学人才。

  该所拥有4艘调查船以及"阿尔文"号潜水器、支援母船"鲁鲁"号组成的船队,另外还有两架供调查使用的飞机。

伍兹霍尔海洋研究所的标志及码头

253. 你了解拉蒙特·多尔蒂地质研究所吗?

拉蒙特·多尔蒂地质研究所创建于1949年,其前身为拉蒙特地质研究所,隶属于美国哥伦比亚大学。1969年,为了感谢拉蒙特和多尔蒂慈善基金给予的资助而采用现在的名称。它的创始人、第一任所长是世界上第一位探查大陆架地震的人——尤因。该所为美国的三大海洋研究机构之一,在海洋地质和地球物理学研究方面作出了令世人瞩目的贡献,从20世纪60年代起,就闻名于世界,有职员500名,其中研究人员约100名,研究生约100名。拥有4艘调查船,利用率和在航率都很高。1990年,该所又增加一艘新的调查船"莫里斯·尤因"号,其仪器设备都非常先进,包括多频道地震探测设备、水下扫测仪器及多波束声呐系统。该所设有4个研究室:海洋地质和地球物理室、气候和海洋室、地球化学和地震学室、地质学与地壳构造物理学室。1985年建立了气候研究中心。该所正在进行的研究计划包括以下几个方面：气候变化(包括古气候学)、生物学、物理和化学海洋学、古海洋学、岩石学、地壳构造物理学和极性研究等。其每年的经费预算约为 4000 万美元。

254. 夏威夷大学水下研究中心的任务是什么？

夏威夷大学国家水下研究中心是夏威夷水下研究实验的基地,建于 1980 年,主要研究以夏威夷群岛为中心的太平洋的生态系统和矿产资源。这个中心是国家海洋大气局国家水下研究计划赞助的 5 个国家水下研究中心之一,拥有的设备包括：遥控潜水器、拖曳式照相机拖网、数据贮藏室、"双鱼座"号潜水器。它的任务是对受人类冲击的太平洋进行研究,大多数最新课题与岛屿和海山有关,主要分为如下四类：全球大洋过程,大洋中物质的路径和最终结果,生产力和栖息地的过程,大洋陆界和矿产资源的研究。

255. 你知道斯基达韦海洋研究所吗？

斯基达韦海洋研究所是从事海洋科学研究及培养研究生的研究所,它隶属于美国左治亚州大学系统,专为 34 所大专院校海洋研究服务。研究所的研究业务范围,包括有机地球化学、无机地球化学、大陆架海水环流、数字模式开发,以及描述海洋过程、热带低纬度地区生物过程的物理控制、沉积物—海水界面沉积物搬运过程和海洋生物对毒素同化作用。实验室装备有现代化仪器设备,包括定量测定底层水速过程的自由载体座底舱,测量近海湍流的自由海底边界层三角架等,还拥有一艘"蓝鳍号调查船。

256. 加拿大最大的海洋研究机构是哪一个？

1962年10月建立的贝德福海洋研究所，由加拿大政府渔业海洋部管理，集研究、实验、服务为一体，是加拿大最大的综合性海洋研究机构。其主要任务是：对加拿大海洋环境管理方面进行应用研究；为确保绘制乔治滩至加拿大北极西北航道地区的导航图，进行必要的调查和制图；集结有关专家协助解决海洋领域中的海事问题。该所下设3个研究所，即海洋生物科学研究所、物理化学科学研究所和水文研究所，每个所下设若干研究室。

加拿大贝德福海洋研究所

257. 你知道加拿大海洋科学研究所吗？

1972年建立的海洋科学研究所，隶属于加拿大政府渔业海洋部，是加拿大第二大综合性海洋研究机构。该所主要从事加拿大沿海和海洋、河流、湖泊的研究，具体包括从事不列颠哥伦比亚沿海水域、北太平洋、北冰洋西部，以及沿马尼托巴边界线的淡水航道的研究。下设有：

水文学、海洋物理、海洋化学、海洋生态学和资料评价 5 个研究室。

258. 你知道英国普利茅斯海洋研究所吗？

普利茅斯海洋研究所是由英国海洋生物协会普利茅斯研究所和英国自然环境研究委员会海洋环境研究所于 1988 年 4 月合并而成的。它的研究范围包括：海洋化学及其与物理和生物过程的相互作用，海洋生物生产力以及人类活动有关的物理、化学和生物过

英国普利茅斯海洋研究所

程对海洋生态的影响等，目的在于进一步了解海洋生态环境，以便保持海洋开发与海洋环境保护间的平衡。这个所设有生物地球化学海洋通量、北海、影响浮游生物生长海洋物理过程、海洋种群结构形式、生态毒素学和分子共 6 个研究组。其出版物有：《海洋污染研究》（月刊）、《英国海湾与沿海水域年度文献目录》等。

259. 英国迪肯海洋科学研究所的中心任务是什么？

迪肯海洋科学研究所的前身是 1947 年成立的国家海洋研究所，1973 年国家海洋研究所同沿海海洋学与潮汐研究所和近岸海洋沉积研究站合并而成，1987 年，为纪念该所的创始人迪肯先生，改为迪肯海洋科学研究所。

这个所是英国海洋基础研究和战略研究的中心,主要从事深海物理学、海洋地球物理学、海洋生物学和海洋化学的研究。该所设有深海海洋物理室、海洋化学室、海洋地质与地球物理室、生物海洋学室、仪器与工程室。另外,还设有海洋信息与咨询服务部和海洋科学图书馆。

260. 你知道普劳德曼海洋研究所吗?

英国的普劳德曼海洋研究所的前身是1866年成立的比德斯通海洋观测站,曾先后6次易名,1987年6月,为纪念作出过卓越贡献的已故科学家普劳德曼教授,故以他的名字命名。该所下设海洋物理学组、技术组和图书馆服务部。海洋物理研究组近几年来主要开展陆架与陆坡海域的动力学研究,以及海平面、海况与潮汐的研究。技术组主要负责海流、潮汐观测仪器的研制工作。1985年研制的250赫兹声学多普勒海流剖面仪可用于各种深度海区的海流剖面测量;研制的沉积物搬运和边界层设备,可用于研究底层流相互作用及其对沉积物搬运的影响;改进的验潮仪可进行实时记录,并可保证数据的连续性和准确性;研制的海洋表层流雷达系统,已成为近海工程设计的常规调查仪器,用于近海倾废场选址的海流调查中。

261. 邓斯塔夫内奇海洋研究所主要研究什么?

邓斯塔夫内奇海洋研究所原为苏格兰海洋生物协会的邓斯塔夫内奇海洋研究实验室,1989年4月调属英国自然环境研究会并改为现名。现有工作人员70名,其中博士18名,目前开展的研究课题主要有:海湾水体与沉积过程的研究、海洋捕食者和被捕食者关系的研究、浮游生物种群结构与动力学研究、扰动结构与动力学及其对底栖生物的影响研究以及深海调查活动。该所拥有"卡拉纳斯"号和"肖马拉"号两艘调查船,还有各种调查仪器和计算机设备、实验工厂和图书馆。

262. 法国海洋国务秘书处的职能是什么?

法国海洋国务秘书处是法国政府海洋事务的职能部门,它的前身是法国海洋部,1983年改为现名,隶属于运输部。其职能是制定并实施法国海洋政策;管理法国本土及海外领地外海总面积为1100万平方千米的200海里专属经济区;管理法国海港、渔港与海洋运输船队;管理海洋渔业与水产养殖,保护海洋环境;指导海洋工作者职业培训和社会福利事业;管理法国海岸及海区公共财产,保障海上作业人员生命安全;推进海洋开发领域内的国际合作。海洋国务秘书处下设部际海洋委员会,海洋科学技术研究委员会,以及航海港口局、商船局、渔业局和海上人员管理局、全国海洋残废者安置局等5个管理部门。

263. 你知道法国海洋开发研究院吗?

1984年6月成立的法国海洋开发研究院,是国立机构,兼有科研、工业、商业三重性质,接受工业科研部和海洋国务秘书处的双重领导。它的宗旨是领导并促进海洋开发基础研究和应用研究;探讨、预测、开发与合理利用海洋资源,改进保护与利用海洋环境的方法;推动海洋世界的社会、经济发展;加强海洋开发领域的国际交流与合作。该研究院下设5个中心,其中4个在国内,1个在国外。它们是布雷斯特中心:负责综合性海洋学研究、海洋技术、资料处理;南特中心:负责渔业和海水养殖研究;土伦中心:进行水下作业、深潜技术研究;滨海布洛涅中心:发展渔业及水产养殖业;塔希提中心(太平洋):负责渔业、水产养殖、海洋热能利用的研究。该院拥有海洋调查船12艘,包括世界先进的"让·沙尔科"号,以及世界先进的深潜系统,其中有著名的"西亚纳"号、"SM97"号载人潜水器和"逆戟鲸"号声学遥控潜水器。

法国海洋开发研究院

264. 法国布列塔尼海洋科学中心的特色是什么?

布列塔尼海洋科学中心是法国海洋开发研究院下属的科研机构,成立于1986年,它的主要任务是开展海水和地质取样技术及分析技术的研究、海洋观测资料的处理、近海海洋资料的搜集和整理。下设法国海洋资料中心。近些年来,在法国环境部的支持下,布列塔尼海洋科学中心广泛开展了近海海洋污染监测、预报和海洋生物学研究。

265. 法国海军海洋学和水道测量局的任务是什么？

法国海军海洋学和水道测量局是法国从事海洋调查研究的主要单位之一。它下设两个处：计划处，主要负责制定海军水文测量和海洋学考察计划；业务处，主要领导布雷斯特海洋水文处及4个海洋调查和水道测量队。这个局主要负责以下工作：研究海军参谋部拟订的方案，提出调查计划和为完成这些计划所需要的设备，确保法国海军在领海内水道测量工作的顺利开展；负责收集、处理和传输该局和其他海洋研究机构观测的航海情报资料、编制500米～1000米水深的地貌图；负责奥米伽无线电海上导航定位系统的研究和应用；负责水下探测和信息处理的研究，水下测量船型号的确定，声学、磁力和温度测量技术的改进；研究声音在海水中、大陆架或深海海底传播异常；研究海气界面能量交换机理，研究有关邻界海底区域磁场和重力场异常等工作。

266. 法国布雷斯特海洋科学中心的强项是什么？

布雷斯特海洋科学中心是法国海洋开发研究院下属的一个综合性海洋科学中心，也是一个试验与鉴定海洋仪器设备的技术中心，还是国家的海洋资料中心。它的主要业务部门有生物资源部：主要研究渔业水产养殖；海洋环境研究部：研究海洋地球科学、沿海环境、海洋科学、遥感技术应用；工程与技术部：负责制订设备研制计划、研制海洋仪器、建造海洋工程、鉴定海洋仪器，并进行有关试验、信息处理、海洋数据管理、渔业工程和海水养殖工程等。

267. 德国最大的海洋研究机构是哪一个?

1937年成立的基尔大学海洋研究所,是德国目前规模最大的综合性研究所。该所设有区域海洋学、海洋物理、海洋气象、海洋化学、海洋植物、海洋动物、渔业生物学、海洋浮游生物、海洋微生物等10个研究室,并拥有3艘海洋调查船。此外,它还有电子显微镜实验室、同位素实验室、计算中心、水族馆和图书馆。出版物有《海洋文集》、《基尔海洋研究》、《海洋研究所报告》和年度报告等。

268. 德国以极地研究为主的研究所是哪一个?

建于1980年7月,以德国著名的地球物理学家和极地研究者韦格纳的名字命名的韦格纳极地与海洋研究所,是德国国家研究中心之一。它的主要任务是独立从事极地研究,协调德国极地研究规划的实施,为极地考察提供后勤保障以及开展国际合作。它负责管理德国在南极洲一个永久性基地和3个夏季站、管理"北极星"号等4艘考察船及两架直升机。这个所下设生物、地球科学与化学、海洋与大气物理等8个研究室,围绕极地研究规划开展研究活动,重点是海洋、大气、冰的相互作用,生态系统,南极大陆边缘海海洋沉积物等的研究。其出版物有《极地研究报告》、《"北极星"号考察文摘》、《极地研究》、《极地生物学》和《海洋研究报告》等。

269. 你了解赫耳果兰生物研究所吗?

1891年成立的赫耳果兰生物研究所,隶属于联邦研究技术部,其主要任务是:从事海洋生物学基础研究;作为德国唯一的海洋站,为研究和教学提供科学服务;执行全国海洋科学技术规划提出的海洋生物方面的科研任务。设有海洋动物、海洋植物、生物海洋学、实验室生态学、海洋微生物等5个研究室。它拥有3艘海洋调查船。

270. 哥德堡大学海洋研究所的重点在哪里?

瑞典哥德堡大学海洋研究所成立于20世纪30年代,已有近70年的历史。这个研究所编制约30人,下设两个科研部,即物理海洋学部和跨学科的海洋系统分析部。它开展的研究工作,包括基础研究和应用研究,并将研究成果提供给各有关单位。这个所拥有一艘调查船,还有先进的温盐深测量系统和海流计等仪器设备。

271. 你知道挪威海洋研究所吗?

挪威海洋研究所主要开展与渔业有关的海洋研究,重点是海洋渔业资源的丰度和分布的调查研究。它下设物理—化学海洋学、生物海洋学、底栖鱼类、北部深水鱼类、南部深水鱼类等5个研究室,还拥有图书馆、数据处理中心、海洋资料中心、仪器车间、电子实验室、水生实验室和调查船。其开展的研究课题主要有:利用回声测深仪、回声积分仪和声呐等声学仪器评估鱼群量;鱼、贝和海洋动物的资源预报;水温、海流、污染和捕鱼对渔业资源分布及数量影响的评价研究;海洋水产养殖和海洋生态研究等。

272. 挪威大陆架研究所主要研究什么?

1969年成立的挪威大陆架研究所隶属于挪威皇家

科学与工业研究理事会,有 250 名科研人员。它的业务范围包括三方面,大陆架勘探:海洋学调查研究、溢油的应急措施、海洋污染研究与防治、有机地球化学研究、测绘地质图、海洋地质研究、地层学研究等;勘探技术:水文技术、地球物理和地质调查技术、海洋调查技术和水下遥控技术等的研究与开发;石油技术:贮油工程技术、钻探和生产技术的研究与开发。这个所的海洋学部与其他有关单位合作,利用测流浮标、测波浮标、海流计、漂流浮标和卫星接收装置,收集和分析有关海流的流速、流向、波浪的波高、波向、周期、水温、气温、气压等资料,并进行加工处理,向有关单位提供服务。

273. 芬兰海洋研究所的作用和任务是什么?

1898 年成立的芬兰海洋研究所的职能是:进行涉及海洋学各领域的基础研究和应用研究;为海洋学家、港口及政府部门提供服务。它下设 3 个研究室,物理海洋室:从事水位及其相关的研究,海冰研究,测冰及冰情预报;化学海洋室:定期观测营养物和水文参数,海洋生物中的有害物质测定,天然有机化合物的研究;生物海洋室:确定波罗的海海洋生态系统中生物组成、功能以及与周围理化环境的关系,以公海浮游植物和底栖生物为研究重点。

274. 哪个海洋研究所的规模堪称世界第一?

1946 年 1 月成立的俄罗斯科学院希尔绍夫海洋研究所,是以首任所长、著名海洋学家希尔绍夫院士的姓氏命名的。它是俄罗斯目前规模最大、设备最新、技术实力最雄厚的综合性海洋研究机构,堪称世界第一。它设有三大部,即科学部、考察部和行政事务部。其中科学部下有10个专业部,专业部中又设有许多研究室,如海洋物理学部设有12个研究室,海洋地质化学部设有12个研究室,生物学部设有6个研究室,工程技术学部也设有6个研究室。该所拥有庞大的海洋调查船队,大小船只13艘,其中6000吨以上的有6艘,如"勇士"号、"库尔恰托夫院士"号等。它还拥有许多先进的水下调查设备和装置,包括"黑海"号水下住人实验室,"和平1"号和"和平2"号以及"双鱼座-7"号和"双鱼座-9"号载人潜水器,"百眼巨人"号等遥控水下调查装置,以及"声学-6"号等先进的水下拖曳体。该所成立以来,对太平洋、大西洋、印度洋以及南北极海域进行了广泛调查,取得了许多重大成绩,如发现了大洋中尺度涡旋,发展了全球海洋与潮汐数值模式和全球海气相互交换作用的数值模式,研究了有机物在世界大洋的分布,开展了海水提铀及其他痕量元素的实验,研究了现代沉积形成的定量定性规律,发现了海底油气远景,确定了大洋生物分布的基本规律,建立了海洋生物群落作用的数值模式等。该所的出版物有该所著作集,至今出了100多卷,《太平洋》专著获国家奖,10卷集《海洋学》、《世界大洋图集》等是对世界影响颇大的巨著。

275. 俄罗斯国立海洋研究所的主要任务是什么?

1943年6月成立的俄罗斯国立海洋研究所,设有海洋动力学部、海洋环境状况控制和模拟实验室、计算系统和数值模拟实验室、方法学部。这个所的主要任务是海况调查研究,包括海洋和河口的海水运动、海水化学特性研究,进行潮汐、潮位及有关海洋气象观测。其主要服务对象是水文气象资料使用单位,如航海、捕鱼、海上作业及造船等部门,同时还为海洋水文气象和观测台站提供工作方法和参考资料。

276. 你知道澳大利亚海洋科学研究所吗?

1972年成立的澳大利亚海洋科学研究所,主要任务是促进海洋环境科学的发展,广泛宣传海洋环境的科学知识,以达到科学地应用海洋环境,更好地转换和管理海洋资源,为促进海洋技术和商业性开发提供更多的机会,鼓励科学家间的合作等。这个所下设6个室,其中4个为规划研究室,2个为技术保障和后勤服务规划室。

澳大利亚海洋科学研究所

277. 澳大利亚海洋学部的中心任务是什么?

1936年成立的澳大利亚联邦科学与工业研究组织的海洋学部,负责国家物理海洋学和化学方面的研究,主要目标是研究澳大利亚东部和西部的主要大陆架海流、水文动力学及特性、大型深海环流以及该地区海水的化学成分及其变化过程。它设有5个研究室,即模拟研究室、遥感研究室、仪器设备室、有机化学室和无机化学研究室。

278. 你知道中国科学院海洋研究所吗？

中国科学院海洋研究所的前身是1950年8月成立的青岛海洋生物研究室，后经扩建成为多学科的综合性海洋研究所，1959年更为现名。该所下设实验海洋生物学、海洋生态与环境科学2个院级重点实验室和海洋环流与波动、海洋地质过程与古环境2个所级重点实验室，以及海洋生物工程和海洋环境工程技术2个应用研究发展中心；并建有中国科学院现代海底热液活动研究青年实验室、胶州湾生态系统研究站和海洋生物标本馆；与中外联合共建有中美联合海洋生态动力学开放实验室、海洋环流与气候环境联合研究中心、中日海洋腐蚀环境共同研究中心、海洋环境探测与模拟实验室、青岛海洋生物技术重点实验室、青岛海洋环境腐蚀与防护重点实验室。作为科研活动的重要支撑条件，该所还设有文献信息中心、分析测试中心，及一支包括"科学一号"、"金星二号"在内的海洋科学考察船队。其主要研究任务是：开展中国海、邻近大洋和南大洋的综合调查和研究，以及海洋科学各分支学科基础理论研究。该所的重点研究领域：开展实验海洋生物学与生物技术研究；开展海洋生态与环境科学研究；开展海洋环流与浅海动力过程研究；开展大陆边缘动力学与古环境研究；开展海洋生物发展技术发展研究；开展海洋环境工程技术研究。学术出版物有《海洋科学集刊》、《海洋科学》、《海洋与湖沼》、《中国海洋湖沼学报》(英文版)等。

此外，中国科学院在广州建立的南海研究所，也是一所具有相当规模的海洋研究所。

中国科学院海洋研究所

279. 中国国家海洋局各研究所的任务和特点是什么？

1958年成立于青岛的国家海洋局第一海洋研究所，隶属于中国国家海洋局，主要以研究黄、渤、东海为重点的中国近海、邻近大洋和南极地区的自然环境要素分布变化规律；海洋资源环境及开发利用；海洋遥感及海洋高新技术；海洋工程勘探设计；海洋测量与测绘；海洋环境保护与评价；污水处理及其工程设计；海洋生物制品等。它设有物理海洋、地球流体力学、海洋地质、海岸带与海港、海洋遥感、海洋化学和海洋生物等7个研究室，还有环境测试中心、计算机中心、科技信息中心及国家海洋局青岛海洋工程勘探设计和环境开发集团中心。其出版物有《黄渤海海洋学》、《海岸工程》等。另外，国家海洋局还在杭州、厦门分别成立了第二海洋研究所和第三海洋研究所。它们的机构设置、研究领域与第一海洋研究所大致相同。

280. 中国唯一从事海洋技术研究的机构是哪一个？

1965年成立的国家海洋局海洋技术研究所，是中国唯一从事海洋技术研究的研究所，其研究重点是海洋环境监测技术研究。现有电子、遥感、水声、光学、温盐深、海洋环境要素、海洋动力要素、计算机应用、金属材料防护等专业环境试验、标准计量等通用实验室，以及试验设备和实验工厂。近十几年来，它取得的科技成果有260余项，其中120项填补了国内空白，50项达到国际先进水平，40项获国家级科技进步奖，4项获国际博览会金奖。该所研制的盐度计、海流计、水位计、气象仪、无沾污采样器及专用计算机和声光器件等20余种产品已达到国外同类产品的先进水平。其出版物有《海洋技术》、《海洋开发技术进展》等。

281. 你知道国家海洋环境监测中心吗？

1979年成立的国家海洋环境监测中心，是负责全国海洋环境监测业务技术管理和海洋环境保护科学研究的公益事业单位，主要从事海洋环境监测技术管理、评价中国管辖海域的环境质量、预报发现趋势、提出对策和建议，承担海洋环境监测、监视和海洋环境保护、海洋倾废、海洋石油污染防治、海岸带、海岛资源的开发、海洋工程服务、海冰科学研究，负责全国海洋环境监测方法、标参物、相互校准、技术管理和人员培训，以及为国内外重大海洋污染事故纠纷的仲裁提供科学依据。它设有海洋化学、海洋生物资源、海洋环境动力、海冰、高新技术、监测管理等研究室，以及中心实验室、国家海域使用管理技术总站、海洋工程研究勘察设计院等。其出版物有《海洋环境科学》等。

国家海洋环境监测中心办公大楼

282. 中央电视台的海浪预报是由哪里发布的？

1983年成立的国家海洋局海洋环境预报中心，前身是1965年成立的国家海洋局水文气象预报总台，现在是专门从事海洋环境预报、咨询服务和科学研究的业务机构，也是国家授权发布海洋环境预报的国家级机构。其预报产品以国家海洋预报台通过多种方式、途径对外发布，中央电视台每天的海浪预报就是其中的一种。它设有海洋水文预报一室、二室、海洋气象预报室、极地预报室、声像室、电信台、海洋遥感部、计算机室、海气研究室和资料室等。

283. 你知道国家海洋信息中心吗？

国家海洋信息中心1965年创建时为国家海洋局海洋科技情报研究所，1989年10月更改为现名。目前，它是由国家海洋资料中心、海洋档案馆、国际海洋学院中国业务中心、中国ARGO资料中心的4个业务系统组成的国家综合性海洋信息技术研究和公益性服务部门。其主要任务是组织协调全国海洋信息工作，负责各类海洋信息的搜集、处理、贮存和服务，建设各类海洋数据库，提供各类海洋信息产品和信息服务。其出版物有：《海洋文摘》、《海洋通报》、《海洋信息》、《中国海洋年鉴》和《中国海洋统计年鉴》等。

284. 中国水产科学研究院下设机构有哪些？

1978年成立的中国水产科学研究院，隶属于中国农业部。其主要任务是以应用基础研究和技术研究为主，进行水产开发研究和国际合作，开展学术交流，培养人才，为水产决策部门和生产部门服务。它主要下属的海洋科学研究机构有：黄海水产研究所（青岛）、东海水产研究所（上海）和南海水产研究所（广州）。这3个研究所分别负责黄海、东海、南海及邻近海区的海洋生物生产力和海洋水产资源的调查和评价，研究各海区鱼类形态、分类区系、海洋鱼虾贝藻的养殖和增殖技术，海洋渔业与海洋环境条件的关系，海洋经济鱼类的分布、洄游规律以及渔情预报方法；同时，还研究海洋污染对水质的影响、水产品受毒特征和消失规律，以及海洋渔业遥感新技术的开发等。

285. 中国唯一的海洋地质研究机构在哪里？

地矿部海洋地质研究所是中国唯一专业海洋地质研究机构，1964年建于南京，1976年重建于青岛，设有海洋区域地质室、海洋油气与水合物资源室、海洋环境地质室、海洋地质实验检测中心、信息资料室、国土资源部海洋沉积开放研究实验室、中国地质调整局海岸带地质研究中心。它的主要研究方向是：在区域海洋地质研究的基础上，发展以油气为重点的海洋矿产地质和以海洋环境变化为重点的海洋第四纪地质，建立应用开发与基础研究并重的学科结构。其出版物有《海洋地质与第四纪地质》、《海洋地质研究所集刊》、《海洋地质动态》、《海洋地质情报文集》及《中国地球科学》（英文版）等。

286. 你知道日本海洋科学技术中心吗？

1971年10月成立的海洋科学技术中心，是日本海洋开发的综合性核心研究机构，隶属于日本科学技术厅，主要从事开发综合性的海洋科学技术研究，提供大型公用实验设施设备，培养海洋科学技术方面的人才，收集提供海洋科学技术情报，以便更快地提高日本的海洋科学技术水平。它下设7个部，其中包括深海研究部、深海开发技术部、海洋观测研究部、海域开发利用研究部、航运部和情报室。其研究课题主要有深海探测技术的研究开发；海洋利用技术的研究开发；海洋调查观测技术的研究开发。其主要研究成果有："深海2000"号载人潜水器、"夏岛"号支援船、"深海6000米"号载人潜水器、自航式水下运载器、"海豚3K"号系缆遥控式潜水器、海中作业实验船"海洋"号以及海洋观测系统等。出版物有:《海洋科学中心年报》、试验研究报告、各种调查研究报告、海洋开发技术情报资料一览、"中心"要览、海洋科学技术中心新闻等。大型设备有:高压实验水槽、动物模拟装置、超声波水槽、潜水模拟器、波动水槽、回流水槽、潜水训练池、水下干式焊接装置及潜水呼吸器高压试验装置等。

287. 韩国海洋研究与开发研究所的任务是什么?

1973年10月成立的韩国海洋研究与开发研究所,主要任务是:有效地利用近岸和海洋资源,进行基础和应用研究;对韩国海域或公海进行全面调查和研究,研究近海海况监视系统及渔业海况预报技术;对极地,特别是南极洲进行科学研究;在开发海洋资源和预报海洋环境方面支持并与其他国家、大学和私人企业进行合作;配合国际关于海洋研究计划方面的协作。它下设6个研究部(包括23个研究室)和一个极地研究中心,还有3个直属

韩国海洋研究与开发研究所

处、一个直属海洋站、一个直属政策开发处、计划部和管理部。

288. 巴基斯坦国立海洋研究所的研究重点在哪里？

1990年成立的巴基斯坦国立海洋研究所，是国家海洋学委员会的重要组成部分，也是国家海洋学研究的中心。它的主要职能是把现代海洋技术应用于海洋资源的开发与管理中，并对全球海洋研究产生影响，建立和保持国家与国际的联系与联络。这个研究所现有54名科学家和56名技术辅助人员，还拥有一艘调查船和符合要求的实验室设备。它从事的研究工作如下：物理海洋学方面，通过观测计划研究印度洋及北阿拉伯海区的河口、沿岸和近海水域的物理过程，研究水团、中尺度涡、大洋锋、内波和温盐微结构的形成、混合、迁移，海平面变化，洋流和潮流的分析等；研制用于预报的数字模式和软件，模拟西南季风和东北季风的环流形式，应用卫星遥感资源估计物理参数的变化。生物海洋学和渔业海洋学方面，研究海洋有机物种群的时空分布及它们之间的相互作用，研究主要鱼类的分布、生活周期等。海洋地质方面，主要研究大陆架和大陆边缘地区的海底地貌和地质结构、沉积物结构及矿产资源调查等。化学海洋学方面，主要从事海洋环境中化学特性的统计工作，以及营养盐循环、海洋污染与控制的研究。海岸工程方面，主要从事海上建筑物的建设，水下机械、组合材料的耐蚀性能研究，还从事海洋热能转换、动力和推进系统、水下声学、仪器和水下技术、遥感、流体动力学、海洋环境控制、浮标等工程研究。

289. 你知道印度国立海洋学研究所吗？

1966年建立的印度国立海洋学研究所,设有物理海洋学、化学海洋学和生物海洋学研究室。它在孟买等地还建有地区中心,分别负责污染监控、水样采集和生态控制以及海洋地质学和地球物理学的研究任务。目前,这个所已获联合国教科文组织承认,作为水生动植物科学收集中心和水产业情报中心。这个研究所建所以来取得了举世瞩目的成就。1981年在近海探测到多金属结核储量(约13.35亿吨),引起了国际上的关注,使印度成为世界上第一个由联合国筹备委员会认可的"先行投资"国;1982年领导了印度的首次南极考察活动;在保护红树林、保护海洋环境、规划各类生产区域、海洋药物开发、遥感技术应用等方面,做出了积极的努力。该所还研制了许多用于海洋调查研究的仪器设备,例如潮汐记录仪、水深记录仪、海流计等。

290. 泰国普吉海洋生物中心是如何建立的？

泰国普吉海洋生物中心位于普吉岛东南部,是1968年作为泰国与丹麦合作的一个项目而建立的。这个中心的基本建设于1971年完成,并正式开始工作。从1975年以来,该中心由泰国管理。目前,这个中心拥有一个包含绝大多数海洋生物科目的图书馆,一艘装备良好的调查船,用于海洋环境基础研究的仪器设备,泰国唯一能够从事无脊椎动物(如珊瑚和蠕虫等)研究的地方是基准采样样品楼。该中心成立20多年来,通过大量的海洋科学调查与研究，证明了安达曼海的生物资源十分丰富。这些资源是以环境因素之间的相互作用为基础的，如果过度捕捞和污染，或因红树林和珊瑚礁的不正确处理而会受到破坏，因此，保护产卵场和捕鱼区是极为重要的。

泰国普吉海洋生物中心参考资料收藏馆

291. 你知道国际海洋学院吗？

1980年成立的国际海洋学院，是一个独立的非政府间国际组织，总部设在地中海的岛国马耳他。其宗旨是帮助发展中国家培训海洋开发管理人才并促进海洋事务领域的国际合作，特别是推动海洋技术转让。它的主要工作是每年在世界各地举办三种类型的海洋管理培训班、举办年会及出版海洋年鉴，其经费来自国际组织及有关国家的捐赠。

国际海洋学院的培训计划是跨学科的，旨在提供海洋政策制定的管理入门培训。培训内容几乎涉及海洋事务的一切领域。其中包括：海洋学、联合国海洋法公约、渔业及水产养殖、海洋油气资源及海底资源的勘探开发、航运、海洋污染与环境保护、各国海洋开发实践和谈判技巧等等,具有很强的实用性。该学院聘请国际上较知名的海洋界人士为学员授课,他们通常来自加拿大达尔豪斯大学、美国夏威夷大学、联合国粮农组织、国际海事组织、环境规划署以及各沿海国的科学家和海洋管理人员。该院招收的学员是政府部门中从事海洋活动,包括外交、渔业、矿产、航运、港湾、科技、海军、环境、旅游等部门的在职的文职人员。国际海洋学院成立至今,已举办了几十期海洋管理培训班,为30多个发展中国家培养了几百名学员,他们已为本国的海洋开发和管理作出了积极的贡献。

国际海洋学院的标志

中国与国际海洋学院有着良好的合作关系,国家海洋局于1987年首次同国际海洋学院合作在北京举办了海洋资源管理和保护培训班。国际海洋学院中国业务中心设在国家海洋信息中心。

292. 华盛顿大学应用物理研究所的贡献是什么?

华盛顿大学1943年建立了应用物理研究所,当时的目的主要是解决第二次世界大战中美国海军急需解决的问题。随着战争的结束,它的研究范围也逐渐扩大，目前，这个所继续与海军合作进行科学研究、工程和教育等方面的工作。它的研究项目有60%是关于电子、信号和成像处理、遥控和控制、水下声学、声呐设备、海洋防腐、极地技术、换能器设计、水下试验场以及反潜战等高科技项目；有40%是关于海洋物理、极地科学和海洋声学等方面的基础研究。现有科研人员250多名，设有海洋物理研究室、极地科学中心和应用研究技术组。建所以来取得的主要成果如下：1953年研制出Mk3模拟鱼雷目标，1956年研制出Mk45鱼雷，1958年研制出自持式水下研究潜水器，1970年研制出无人极地研究潜水器，1973年首次研制成功抛弃式移动声学目标，1974年研制出自持式水下研究潜水器2号。在仪器设备方面，研制出微结构剖面仪、空投海流计、电磁传感器，以及用于数据收集和层析X射线遥感的声学装置。

293. 迈阿密大学有海洋大气科学学院吗？

迈阿密大学罗西蒂尔海洋大气科学学院，成立于1949年，开始作为迈阿密大学的海洋实验室，后来改为海洋科学研究所，1969年改为现名。该学院有正式教职人员60名，研究生150名，共设5个系：海洋工程系、海洋地质和地球物理系、海洋和大气化学系、气象学和物理海洋学系、生物和生物资源系。其中海洋工程系主要研究海岸工程和河口水文动力学、水声学、海洋学测量系统以及海洋用材料。

294. 罗得岛大学有哪些涉及海洋的院系？

罗得岛大学建于 1892 年，涉海的院系有 4 个：海洋学研究生院、资源开发学院、工程学院和科技学院。海洋学研究生院的研究范围包括海洋生物、化学、地质和物理海洋学。资源开发学院的研究范围包括渔业海洋技术和食物资源经济等。该院下设资源经济系、食物和资源化学系、渔业和海洋技术系、动物科学系、植物和土壤科学系等。工程学院主要研究海洋工程问题，下设海洋工程系、电子工程系和化学工程系等。科技学院下设动物学系、植物学系、地质学系、物理学系、地理学系、社会科学和人类学系。

295. 得克萨斯农工大学涉海内容有多少？

得克萨斯农工大学涉及海洋的院系有：海洋学系、伍迪海洋科学和海洋资源学院及海洋补助金计划。海洋学系的专业范围包括海洋生物化学、地质、地球物理和物理海洋学。学生的研究方向，主要是海洋物理、生物科学、工程和地球科学。拥有的设备包括：数学计算机、研究程序库、设备齐全的实验室、小型调查船、双人潜水器（下潜深度 360 米）。

伍迪海洋科学和海洋资源学院，下设得克萨斯海事研究院、加尔韦斯通海岸带实验室、海洋科学系和海洋工程系。海洋工程系的设备主要有：风波水槽、波浪水池、各种数据获取系统和海洋测量设备。

得克萨斯海洋补助金是地球科学院的一部分，1971 年成为国家 4 个首批海洋补助金学院之一。目前，得克萨斯海洋补助金计划集中用于4个研究领域:水产养殖、渔业、环境研究以及海岸海洋生产力。补助金计划支持有26个课题,其中20个属于研究课题,2个管理、2个教育和2个其他课题。该补助金计划有57名研究科学家,28名管理人员和通讯专家。

296. 特拉华大学有几个涉及海洋的院系?

特拉华大学涉及海洋的院系有海洋研究院和海洋补助金计划。海洋研究院提供以下学科间的学位:应用海洋科学、海洋生物—生物技术、海洋政策和海洋学,该院主要设备有:流动的海水槽,研究海洋鱼类和无脊椎动物的水族馆;研究盐地植物用的900平方米的温室,贝类孵化和藻类培养设备,研究海洋植物、生物化学、酸雨、海气交换专用实验室——包括一个42米倾倒式风波流槽,该槽是全世界仅有的三个之一;还有一艘调查船。该院的研究重点是:海岸和海洋过程、海洋生物化学、环境研究、渔业政策研究。

特拉华海洋补助金计划为国家海洋大气局于1976年授予的国家第九个海洋补助金单位,补助金集中用于5个研究领域:海岸过程、海洋生物技术、环境研究、政策研究和渔业研究。

297. 你知道多伊豪西大学海洋学系吗?

加拿大多伊豪西大学海洋学系成立于1971年,主要任务是大量地培养海洋领域里标准的综合性人才。全系共有教工80多人,招收研究生80人,有供海洋研究的水生实验室,它包括水槽(10米深、内径3.66米,容量

117.71立方米的塔罐;3.54米～3.91米水深,直径15米,容量684.05立方米的水池)、10个海水控制的海水实验室、波浪槽、呼吸测量计等。海洋学系下设生物海洋学、化学海洋学、地质海洋学、物理海洋学等教研室。除常规的教学外,各教研室还从事一些科学考察与研究活动。

多伊豪西大学的标志

298. 加拿大麦吉尔大学有几个海洋系、所?

加拿大麦吉尔大学涉及海洋的系、所有:生物系、土木工程和应用机械系、地理学系、地质科学系、气象学系、贝莱尔斯研究所、海洋学研究所、博物馆和亨茨曼海洋实验室。其中生物系的主要课程有生物海洋学、鱼类生物学、海洋养殖、海洋哺乳动物、海洋生物学和海洋学;贝莱尔斯研究所,主要从事生物海洋学、热带气象学研究;海洋研究所主要从事海洋生态学、生物海洋学、海洋污染、物理海洋学、河口、海洋地质和地质化学、沉积物等方面的研究。

299. 纽芬兰大学从事海洋科研的特点是什么?

加拿大纽芬兰大学有地球科学系、寒带海洋资源工程中心、冰冻海洋服务研究所、海洋科学研究实验室,以及国家研究院海洋动力研究所,都从事海洋科学的教学与研究工作。地球科学系是全国最大的一个学科系,研究重点是近海地质学和石油资源。寒带海洋资源工程中心,主要致力于研究如何安全有序地在寒冷海洋环境中开发海洋资源。冰冻海洋服务研究所则协调和鼓励基础海洋水文研究。海洋科学研究实验室拥有1.4万平方米的实验用地,以及进行生物科学、生理学和毒物学研究的各种分析仪器设备。国家研究院海洋动力研究所主要的研究和开发重点是海洋建筑物和车辆在冰冻水面上的使用。

300. 不列颠哥伦比亚大学有哪些涉海的系、所?

不列颠哥伦比亚大学的标志

加拿大不列颠哥伦比亚大学涉及海洋的系、所有:动物系、生物系、海洋研究所和动物资源生态研究所。这些系、所除从事与海洋科学有关的教学外,还从事湍流、潮汐、内波、热微结构、海洋化学及太平洋生物等方面的研究工作。

301. 加拿大魁北克大学有研究海洋的系、所吗?

加拿大魁北克大学设有海洋学系,1972年海洋学系成立了一个海洋化学小组,在圣劳伦斯河口进行化学海洋学的研究工作。1978年,魁北克大学组建了国立科学研究所。这个所内设海洋学部,从事海洋科学研究。

302. 英国利物浦大学的海洋科技实力如何?

英国利物浦大学有两个涉及海洋的系,一个是地球科学系,一个是海洋生物系。其中,地球科学系是英国高等院校中6个最大的系之一,其专业范围包括地质、地球科学和海洋学。海洋学专业下设化学海洋学和海洋化学班。该系的海洋学实验室是1919年作为英国第一个海洋学系配置的,目前,该实验室装置了用于有机化学和无机化学分析的先进分析仪器,包括用于放射性测年、稳定同位素研究、荧光研究等仪器设备和各种计算设备。

海洋生物系是欧洲大型海洋生物研究站之一,已有百年的历史。该系有30名教学和研究人员,其中大多是生态学家,从事海洋生物的分布、生活习性和开发的研究。该系设有3个大型和一些小型实验室,其中分析实验室设备有许多先进装置。组织学实验室配备有自动组织处理与嵌入系统、低温恒温室、旋转刀片机、染色系统等。各实验室都有用于保存和研究活性组织的专门设施。此外,该系还有结构加工车间、照相室、计算机房和图书馆,以及几艘小型调查船、潜水支援船等。

303. 威尔士大学有几个涉及海洋的院系?

英国威尔士大学涉及海洋的院系有生物科学院、加的夫学院海洋研究系。生物科学院下设海洋、环境与进化研究组,专门从事海洋生物研究,主要开展以下三方面研究:海洋:生殖生物学与海洋生物种群遗传、生态学、海洋生物分类等;环境学:环境因素对海洋节肢动物的影响,重金属、碳水化合物及大地污染物对海洋鱼类的影响;进化学:生殖生物学的生态进化和遗传、海洋高等植物的相互关系、海洋植物与动物的相互作用、海洋物种的种群遗传及遗传学在水产养殖中的应用等。

加的夫学院海洋研究系,是英国高校中唯一从事有关海洋利用与海洋资源管理教育与培养的多学科教育与科研单位,其专业范围广,包括海洋商业、海洋地球科学、海洋研究和国际运输等。该系不仅与国内有关单位有广泛的联系,而且还与国外有关高等院校、政府部门和研究团体及国际组织,例如国际海洋开发中心、国际地学联合会、政府间海洋学委员会等有着密切的联系。该系装备有各种相关的先进设备,其中包括声呐和调查仪器、天气卫星接收系统及计算机装置等,还配备有几艘小船,供教学和研究用。国际刊物《海洋政策与管理》由该系编辑出版。

304. 达勒姆大学对海洋科学研究的贡献如何?

英国达勒姆大学地质科学系,近年来开展有关海洋地质的研究课题有:赫布里底海火区的沉积成岩与进化、东南极大陆边缘的进化、诺森伯兰沿海、海平面变化和全球警报的预报模拟、中大西洋脊的地球物理研究、深海底山貌的进化、海洋扩张中心岩浆与构造的小分辨率研究、洋中脊石油与地球化学特性、洋中脊暂存性发展、加利特断裂带与附近东太平洋隆起的地震结构等。

305. 斯特拉斯克莱德大学海洋技术中心的特色是什么?

英国斯特拉斯克莱德大学海洋技术中心,组建于1976年,负责海洋开发技术的研究与教学工作,其专业范围包括:用于水下作业系统的水面支援装置、计算机在海洋技术研制与设计中的应用、船只与半潜式平台稳定性的研究、流体负载对近海设计的影响、水下自动化系统及海洋资源开发的有关工程技术等。该中心有专用实验室,并配备有各种仪器设备,包括一个拖曳水槽和一个供研究波浪和海流用的随波式水池。

306. 汉堡大学有几个涉海的研究所?

德国汉堡大学有两个涉及海洋的研究所,一个是水生生物与渔业科学研究所,下设水生生物研究室和渔业科学研究室。前者分为淡水和海洋两个水生生物研究组,后者主要调查各种气候带对渔业和水产养殖有用的水生生物的生活要求,以及鱼类、贝类、甲壳类与自然和人为因素影响有关的种群动态。另一个是造船研究所,建于1952年,下设造船基础、流体力学、造船理论与系统工程、建造、强度和生产、船舶设计与安全、船舶机械与电子技术等7个研究室,从事应用数学和力学、流体力学、船舶理论、船舶设计、船舶推进和气泡现象、船体强度和材料力学、船舶统计和船舶建造、船舶机械制造、船舶电子技术、造船中系统工程与统计力学、海洋技术等领域的教学和研究。研究所拥有藏书2万册的图书馆,许多实验设施,其中包括大型部件强度试验设施、冲击负荷试验机、断裂试验机,以及用于流体力学调查的风洞和拖曳式试验池等。

307. 中国最早的海洋高等学府是哪一所?

中国最早的海洋高等学府是中国海洋大学。中国海洋大学的前身是山东海洋学院,1988年更名为青岛海洋大学,2002年又更名为现在的中国海洋大学,已有80多年的历史了。它是教育部直属的重点综合大学之一。它开设的海洋水文、海洋气象、海洋水产、海洋生物、海洋化

中国海洋大学鸟瞰

学、海洋地质、海洋物理等专业,均是中国最早开设的海洋科学研究与人才培养的专业。几十年来,学校培养了上万名海洋专业的专门人才,为中国海洋事业的发展作出了突出的贡献。因此,大家称中国海洋大学为中国海洋科学家的"摇篮"。

今天的中国海洋大学,除了继续发挥海洋科学的科研实力和人才培养的特色外,已发展成为以海洋、水产学科为特点,包括理、工、农、经济、文、医、哲学和法学等学科门类齐全的综合性高等学府。

学校现设有20个院,1个基础教学中心,67个招生本科专业。现有8个博士后流动站,6个博士学位授权一级学科、44个博士学位授权学科(专业),17个硕士学位授权一级学科点、131个硕士学位授权学科(专业),6大类硕士专业学位授权点。有2个国家一级学科国家重点学科、10个二级学科国家重点学科(含1个培育学科)、8个教育部重点实验室、3个教育部工程研究中心、17个山东省重点学科、2个山东省工程研究中心、9个山东省高校重点实验室、3个青岛市重点实验室。国家海洋药物工程技术研究中心和联合国教科文组织中国海洋生物工程中心设在该校。

该校还拥有2个国家基础科学研究和教学人才培养基地,1个国家生命科学与技术人才培养基地,2个教育部学科创新引智基地,1个"985工程"哲学社会科学创新基地,1个教育部人文社会科学重点研究基地,1个国家文化产业研究中心和4个山东省人文社会科学研究基地。学校还拥有供教学、科研使用的3500吨级海上流动实验室——"东方红2"号海洋综合调查船。

308. 中国第二所海洋大学是哪一个?

为了促进中国海洋科技事业的快速发展,经中国教育部批准,在原湛江水产学院和湛江农业专科学校合并的基础上于1997年1月10日成立了湛江海洋大学,2005年6月15日又更名为广东海洋大学。它是中国第二所综合性海洋大学。

学校现有水产学院、食品科技学院、海洋与气象学院、航海学院等18个二级学院及1个独立学院,有本专科专业95个,硕士学位授权点14个,农业推广硕士学位点1个,省级重点学科1个,省级重点扶持学科2个,教育部高等学校特色专业建设点2个,广东省名牌专业2个。

该校还设有广东省海洋开发研究中心、广东省水产经济动物病原生物学及流行病学重点实验室、广东省人文社科重点研究基地——海洋经济与管理研究中心、广东省(教育厅)水产品深加工重点实验室、珍珠研究所、海洋经济研究所、南海海洋环境研究所、海洋资源与环境监测中心等23个科研机构以及各类教学科研实验室66个。

广东海洋大学校门

309. 你知道浙江海洋学院吗？

1997年建于浙江省舟山市的浙江海洋学院,是由浙江水产学院和舟山师范专科学校合并而成,是继中国海洋大学、广东海洋大学后中国内地第三所专门从事海洋科学研究与教育的高等学府,现有教职工1200名。

该校设有海洋科学学院等16个二级学院,办有独立学院——浙江海洋学院东海科学技术学院。该校开设有海洋科学等37个本科专业,海洋生物学、捕捞学等硕士学位点,渔业、食品加工与安全、农村与区域发展等领域农业推广硕士专业学位。它还建有浙江省海洋水产研究所、农业部渔业环境及水产品质量检测中心等20余家科研组织。

浙江海洋学院校门

310. 厦门大学海洋科学研究的实力有多强？

　　1996年成立的厦门大学海洋与环境学院，包括海洋学系、亚热带海洋研究所、环境科学与工程系、环境科学研究中心、近海海洋环境科学国家重点实验室、厦门海岸带可持续发展国际培训中心等6个单位。拥有海洋科学博士后流动站、海洋科学博士学位一级学科授权点、环境科学与工程博士后流动站、环境科学与工程一级学科博士点。

厦门大学校门

海洋学系成立于1946年,在1952年全国高校院系调整时,并归于山东大学,仅保留了一个海洋生物研究室。1970年该校把原物理、化学、生物各系中的海洋物理、海洋化学和海洋生物3个专业集中起来恢复成立了海洋系。它是国务院学位委员会首批批准的博士、硕士学位授予单位之一,1995年又获准成立了海洋科学博士后流动站。该校设有海洋物理学、海洋化学和海洋生物3个专业,以及海洋环境科学、海洋化学教育部重点实验室。

亚热带海洋研究所则是1978年成立的海洋科学研究所,于1983年正式命名为现名。

环境科学研究中心成立于1992年,教育部海洋生态环境开放研究室挂靠于此。设有海洋生物地球化学、环境影响评价及治理、海洋生态和分析监测4个研究室。

311. 南京大学海洋研究有什么特色？

南京大学海岸与海岛开发实验室，是以海岸海岛为研究对象的应用基础型地球科学实验室，具有海洋学、地质学、地理学、生物学、计算机科学、规划管理科学与技术等多学科交叉渗透的特点。它主要从事海岸、岛屿与大陆架资源与环境调查研究，探索全球变化对海岸海洋的影响，进行开发利用规划与决策分析，寻求防灾减灾措施以及海岸带一体化管理，并通过科学研究和生产实践培养高级海洋科学研究人才。该实验室有4个硕士点、3个博士点和1个博士后流动站。实验室由海岸海洋观测电子与声学设备系统、分析实验室系统和海洋地理信息系统实验室系统组成。

312. 你知道大连海事大学吗？

大连海事大学原名大连海运学院，是被国际海事组织认定的世界少数几所享有国际声誉的海事院校之一。1983年，联合国开发计划署和国际海事组织在该校设立了亚太地区海事培训中心，1985年，世界海事大学大连分校又在此成立，1994年，经教育部批准，正式更名为大连海事大学。为了把学校建设成世界一流的高等航海学府，从1997年开始该校重点对航海专业教学进行改革。

该校设有航海学院、轮机工程学院、船舶导航系统国家工程研究中心、航运发展研究院等16个教学科研单位，设有48个本科专业。拥有2个一级学科博士点、16个二级学科博士点（其中含自主设置4个）、9个一级学科硕士点和64个二级学科硕士点。拥有2个国家重点学科,13个省部级重点学科,2个省重点培育学科;1个国家工程研究中心,2个省级工程技术中心,13个省部级重点实验室。

大连海事大学

313. 大连理工大学有哪些涉海的专业?

大连理工大学涉及海洋的专业有:水力学及河流力学,水工结构工程,水力水电工程,港口、海岸及近海工程,船舶与海洋结构物设计制造,环境工程等。其中海岸与近海工程专业设有海岸与近海工程国家重点实验室,其博士点是国家重点学科,主要研究方向有海洋环境力学、海洋环境要素对建筑物的作用、海洋要素的计算机模拟、港口结构工程、港口规划等。环境工程专业是面向21世纪的新学科点,其主要研究方向有环境系统分析、污染控制化学技术、环境生物工程等。

314. 天津大学海洋与船舶工程系有什么特点？

天津大学海洋与船舶工程系的前身是1970年成立的中国第一个海洋石油建筑工程专业，1982年改为海洋工程专业。1984年，海洋工程专业与船舶工程专业合并组成海洋与船舶工程系。该系业务范围主要包括：海洋环境荷载及其设计标准，船舶、海洋及特种工程系统分析、可靠性研究及最优设计，船舶、海洋及特种工程结构的静力分析、动力响应及承载力研究，船舶、海洋特种工程结构的水动力学计算方法、程序开发、模型试验及现场测试，船舶、海洋及特种工程系统的可行性研究与概念设计。

315. 宁波大学也有涉海专业吗？

由原宁波大学、宁波师范学院和浙江水产学院宁波

海洋夏令营活动

分院合并组建而成的宁波大学,设有19个学院、71个本科专业。该校涉及海洋高等教育的专业有:海洋船舶驾驶、轮机管理、海水养殖、淡水渔业,还建有"全国科技兴海技术转移宁波中心"和"海洋生物工程实验室"。1996年成立的宁波大学海运学院,与香港泰昌祥轮有限公司合作,培养直接与国际接轨的高级航海人才。

316. 河海大学交通学院、海洋学院建于何时?

河海大学交通学院、海洋学院的前身是1952年建立的水道及港口工程系,1985年更名为航运及海洋工程系,1995年与海岸及海洋工程研究所联合成立了港口航道及海岸工程学院,2000年更名为交通与海洋工程学院,2004年更名为交通学院、海洋学院。

河海大学图书馆

海洋科教

　　学院设有水道及港口工程系、海洋科学与技术系、交通运输工程系、海岸与海洋工程系、工程 CAD 与图学教研室,另有海岸及海洋工程研究所、交通运输与物流工程研究所、风暴潮灾害研究所、物理海洋研究所、"海岸灾害及防护"教育部重点实验室、港口航道及海岸工程实验中心。学院现有港口海岸及近海工程、海岸带资源与环境、物理海洋学 3 个博士点,港口海岸及近海工程、海岸带资源与环境、物理海洋学、交通运输规划与管理 4 个硕士点,交通运输工程领域工程硕士点,港口航道与海岸工程、海洋技术、交通工程、船舶与海洋工程 4 个本科专业。其中,港口海岸及近海工程为国家重点学科,物理海洋学为江苏省重点学科。

317. 华中科技大学海洋科技实力有多强?

　　华中科技大学船舶与海洋工程学院的前身是船舶与

华中科技大学

海洋工程系,成立于1959年,船舶与海洋工程系分别于1981年、1984年获得硕士学位、博士学位授予权,是全国第一批有学位授予权的学科点,1995年建立船舶与海洋工程博士后流动站,1998年被批准为湖北省重点学科,1990年获轮机工程硕士授予权,2000年获国家一级学科博士、硕士学位授予权。

学院现设有船舶与海洋工程、轮机工程及自动化2个本科专业;船舶与海洋结构物设计制造、轮机工程、水下工程、水声工程4个硕士点和博士点。

318. 你知道上海交通大学船舶与海洋工程系吗?

上海交通大学船舶与海洋工程系成立于1943年。建系60年以来为我国船舶工业、人民海军、国防科工委、

上海交通大学校门

海洋石油开发、船舶检验及交通运输等各部门培养了大批的高级技术人员和管理人员,同时取得了一批高水平

的科研和工程设计成果。该系除了设有船舶与海洋工程本科专业以外,还拥有船舶与海洋工程结构物设计制造学科的博士点、博士后流动站和海洋工程博士点。该系的学生毕业以后主要从事船舶与海洋结构物的研究、设计、制造、检验、贸易,也可以从事海洋油气开发以及航运管理、海上保险等工作。

319. 你知道大连水产学院吗?

大连水产学院是我国北方地区唯一一所以水产和海洋学科为特色,农、工、理等七大学科门类协调发展,硕士、本科、高职多层次办学的多科性大学。它的前身是创建于1952年的东北水产技术学校,1958年改名为大连水产专科学校,1978年升格为大连水产学院。

大连水产学院

学校现设有13个二级院系,它们是生命科学与技术学院、海洋工程学院、机械工程学院、土木工程学院、信息工程学院、经济管理学院、理学院、海洋环境工程学院、食品工程学院、外国语学院等。学院还设有1个国家一级学科硕士学位授权点和17个二级学科硕士学位授权点，3个省部级重点学科和1个省哲学社会科学重点建设学科。

320. 中国台湾省也有海洋大学吗？

在祖国的宝岛台湾省也有一所海洋大学，它就是"国立"台湾海洋大学。"国立"台湾海洋大学的前身为省立海事专科学校，1964年扩建成台湾省立海洋学院，1979年改为"国立"台湾海洋学院，1989年正式命名为"国立"台湾海洋大学。

台湾海洋大学

"国立"台湾海洋大学设置有海运学院、生命与资源科学院、工学院、电资学院、理学院及技术学院等6个学院，并设人文及教育中心。教学单位设有15个系和9个研究所，其中有22个硕士班，14个博士班。该校还拥有用于海洋教学研究的大型研究船"海研二号"。

321. 中国台湾省中山大学的涉海机构有几个？

中国台湾省中山大学成立于1980年，内设有海洋学院。1986年，该校正式成立海洋科学学院和海洋科学研究中心，下设海洋生物科技暨资源学系、海洋环境及工程系、海洋生物研究所、海洋地质及化学研究所、海下科技暨应用海洋物理研究所和海洋事务研究所。该院还有一大型研究船"海研三号"。研究重点是从台湾省沿海环境入手，研究生物资源、自然生态以及资源利用、环境保护等。

322. 你知道中国台湾大学海洋研究所吗？

于1968年成立的中国台湾大学海洋研究所，隶属于中国台湾大学理学院，设有海洋物理、海洋生物与渔业、海洋地质与地球物理、海洋化学等研究组以及大型研究船"海研一号"。它的办所宗旨是研究海洋科学、开发海洋资源、培养人才、促进海洋经济的发展。

海研一号

323. 日本东京大学海洋研究所成立于何时？

1962年成立的东京大学海洋研究所，在编人员202人，其中科研人员85人，调查船船员70人。其研究部下设 14 个研究室：海洋物理、海洋气象、海底沉积物、大洋底质结构、海洋无机化学、海洋生化、海洋生物生态、浮游生物、海洋微生物、资源分析、生物资源、资源环境、渔业观测等研究室。该所设备部拥有临时研究中心和"白凤丸"和"淡青丸"两艘调查船。其出版物有《东京大学海洋研究所欧文实报》、《大槌临海研究中心报告》、《"白凤丸"调查船航海报告》（英文）和《东京大学海洋研究所成果集》等。

324. 日本东海大学有哪些涉及海洋的部、所？

日本东海大学涉及海洋的部、所有：海洋学部、海洋研究所。海洋学部建于 1962 年，下设海洋工程系、海洋土木工程系、海洋资源系、水产系、船舶工程系、海洋学系、航海系以及海洋学研究生院。海洋学部拥有的研究设备和设施如下：两艘海洋调查船，一艘是 1968 年建的"东海大学丸二世"（702 吨），另一艘是 1978 年建的"望星丸二世"（1218 吨）；折户临海实验室，它是生物资源和海洋工程系的学生实习场所；海洋科学博物馆，拥有各种鱼贝标本、模型，供学生研究海洋生物生态使用。

海洋研究所的前身是 1947 年成立的水产研究所，1966 年改组为海洋研究所，下设海洋生物中心、地壳研究室、水产研究室、西表岛研究分室。它们利用海洋学部的两艘调查船，对海洋科学、海洋工程、海洋资源、海洋环境等领域进行综合调查研究。

325. 你知道东京海洋大学吗？

东京海洋大学成立于 2003 年 10 月 1 日，它是由东

海洋科教

京商船大学和东京水产大学合并而成，2004年开始招收本科生。东京海洋大学的成立是为了推动关于利用和保护海洋的科学技术发展，提供了在自然科学、工程学、海洋农业、社会科学和人文科学的教育，以及这些领域的技术发展所必需的基础研究和应用研究。

该学校下设海洋工学部、海洋科学部和大学院。海洋工学部主要研究船舶职员的培训，设有海事系统工学科和海洋电子机械工学科。海洋科学部主要研究水产和食品，设有海洋环境学科、海洋生物资源学科、海洋食品科学学科和海洋政策文化学科。大学院设有海洋科学技术研究科、海洋生命科学专业、食机能保全科学专业、海洋环境保全学专业、海洋系统工学专业、海运物流专业、应用生命科学专业和应用环境系统学专业。

326. 你了解韩国海洋大学吗？

韩国海洋大学始建于1945年，原来是一座航海科学院。多年来，它的成长始终与韩国的经济发展和国际地位的加强紧密联系在一起。1947年，它更名为国立韩国海运学院，1960年开办研究生院。直到1992年，才更名为韩国海洋大学。

目前，学校拥有4个学院：海事学院、海洋科学技术学院、工科学院、国际学院。该校下设涉海院系有：海事学院的海事输送科学系、机房系统工程系、航海系统工程系、船舶电子机械工程系、海洋警察系、海洋科学技术学院的造船海洋系统工程系、海洋建筑工程系、海洋开发工程系、海洋环境与生命科学系、海洋体育学系、国际学院的海运经营系。该校还拥有2艘3600吨级海上流动实验室——海洋综合实习船供教学科研使用,并且正在建造最新型的6000吨级高科技实习船。另外,该校还设有全国第2大规模的校园宿舍——"船舶生活馆"(1500人)和"朝校舍"(650人),以及国内尖端的船舶模拟航行训练设施、半导体实验室、微波暗室等科研设备。

编后记

世界的未来是青少年的,而世界未来的希望在海洋。21世纪的今天,世界已经进入全面开发和利用海洋的新时代。

在我国青少年中全面、系统地开展海洋知识的普及教育,以适应国际形势变化的需要和未来人类社会发展的需要,是我们当代海洋科技教育工作者的责任和义务。有感于此,我们来自国家机关、高等院校、科研院所、军事机构等40多位海洋科技工作者,花费了三年多时间,精心策划并编撰完成了我国有史以来第一部海洋知识体系最完备、内容最全面的科普图书。

《海洋小百科全书》共20分册,300余万字,110个知识大类,总7000余个知识问答,几乎涵盖了海洋自然科学、海洋人文科学、海洋军事科学的全部基本内容。本书第一版由中国少年儿童出版社于2002年5月出版,2003年9月荣获由中共中央宣传部等国家7个部门联合颁布的"第五届全国优秀科普作品奖科普图书类三等奖"。本书于2007年10月修订再版,现再次修订,由中山大学出版社出版。本次修订在保持原有知识体系和编写风格基本不变的情况下,除进行必要的知识内容更新外,又新增加了《海洋经济》分册,使《海洋小百科全书》的知识体系进一步完备,知识内容更加丰富。

本书自2002年5月出版至今,一直得到社会的普遍关注和广大读者的厚爱,在此,一并向曾经对本书编撰、出版、发行、修订等作出过贡献的人们表示衷心的谢意。

由于本书涵盖的知识内容宽泛,编写任务十分繁重,难免有知识遗漏和编写不当之处,欢迎广大读者提出宝贵的意见和建议。

《海洋小百科全书》主编:关庆利
2010年9月24日

《海洋小百科全书》分类目录

（20分册·110类）

1 海洋地理
　　海洋地理大观
　　世界海岛揽胜
　　海洋地理趣闻
　　奇妙海底世界
　　海洋地质灾害
　　神奇中国岛岸

2 海洋水文
　　多姿多彩的海洋
　　海水的自然神韵
　　海洋与人类互动
　　探测海洋的波脉

3 海洋气象
　　走近海洋风暴
　　探寻海洋天气
　　感受海洋冷暖
　　变换海洋风雨
　　领悟沧海桑田
　　俯观海气轮回

4 海洋探险
　　古代海洋探险
　　近代海洋探险
　　现代极地探险
　　环球海洋风采

5 海洋航运
　　船舶千秋史话
　　航海妙趣万千
　　惊涛铸造奇闻
　　中国航运今昔
　　船运业务趣谈

6 极地科考
　　挑战人类的环境
　　不可争夺的领土
　　南极人的生活
　　南极生物奇趣
　　揭开奥秘的考察
　　北极世界的探索

7 海洋生物
　　无限生机的海洋
　　迷人的海洋奇葩
　　璀璨的贝类明星
　　威武的虾兵蟹将

微小的海洋居民
多彩的海洋植物

8　海洋动物
　　奇妙的动物家族
　　高超的生存技巧
　　神秘的自然之谜
　　复杂的生存关系
　　多彩的情爱生活
　　狰狞的危险动物
　　友善的人类朋友

9　海洋渔业
　　千姿百态捕鱼技术
　　海洋渔业发展史话
　　名贵海产品趣味谈
　　海产品美食与营养
　　海产品保健与药用

10　海洋化学
　　海水的趣味故事
　　海水的化学秘密
　　海水的化学资源
　　无尽的海底宝藏
　　流泪的海洋环境

11　海洋物理
　　妙趣横生海洋物理
　　威力无比海洋声学

奇光异彩海洋光学
探索海洋高新技术
四通八达海底电缆
准确无误导航技术

12　海洋工程
　　人类水下生活
　　探索海底世界
　　雄伟近岸工程
　　海上铸造希望
　　港口飞架彩虹
　　旅游方兴未艾
　　无尽海洋能源

13　海洋科教
　　著名的海洋科学家
　　世界海洋科技之最
　　重大海洋科学考察
　　世界海洋科研教育

14　海洋权益
　　蓝色的海洋国土
　　繁杂的海域划分
　　激烈的海洋争斗
　　独特的海运规则
　　严格的船舶管理
　　复杂的海事纠纷
　　神圣的海洋权益

15 海洋经济
海商奠基帝国兴起
追寻民族海商踪迹
当代海洋经济概览
日新月异朝阳产业
夯实蓝色经济基石

16 海洋文学
中国古代海洋文学
中国现代海洋文学
外国古代海洋文学
外国现代海洋文学
中外海洋影视文学

17 海洋文化
海洋神化故事
海洋语言文字
海洋绘画名作
海洋雕塑艺术
海洋音乐经典
海洋民俗风情

海洋著作学说

18 海军兵器
凶悍的汪洋猛鲨
奇妙的掠波剑鱼
神秘的龙宫巨鲸
无敌的长空雄鹰
未来的海战新秀
难忘的千年风流

19 古今海战
古代海战追踪
近代海战掠影
"一战"群雄争霸
"二战"邪灭正兴
现代海战大观

20 海洋军事
海军兵力纵横
海军礼仪风采
海军名人传奇
海军趣闻轶事